国家自然科学基金项目（51409078、51279207）
河北省自然科学基金面上项目（E2017402178）
河北省教育厅科学研究计划重点项目（ZD2014020）
河北省教育厅人文社会科学研究重大课题攻关项目（ZD201443）
国家重点基础研究发展计划（973 计划）（2006CB403401）
中国工程院重大咨询项目（2012-ZD-13）

# 多水源调配体系下区域农业
# 干旱的定量评估

栾清华　孙青言　陆垂裕　王　浩　吕海涛等　著

科学出版社

北　京

# 内 容 简 介

本书系统梳理了国内外研究学者有关干旱、水循环模拟以及水利工程对干旱影响等相关领域的研究成果,以邯郸东部平原为研究区域,优化了红线控制下区域多水源工程的调配布局,基于"自然-社会"二元水循环理论,在辨析农业干旱过程的基础上,提出了基于土壤水库解析的农业干旱定量化方法,借助分布式水循环模型 MODCYCLE,对历史干旱情景再现下的农业干旱进行了定量评估,对干旱应急水源——地下水的蓄量变化进行了预估,并给出区域干旱应对策略,可为区域的干旱预警和管理提供关键技术支撑,相关研究成果对保障区域粮食安全而言,具有重要的现实意义。

本书研究涉及水文学及水资源、农业水土工程、水文地质等多个领域,可作为大专院校和科研单位相关专业专家学者及研究生的参考资料,也可为具体从事水资源管理、农田水利及抗旱管理等工作的技术人员提供借鉴。

审图号:冀 S(2018)56 号

图书在版编目(CIP)数据

多水源调配体系下区域农业干旱的定量评估/栾清华等著. —北京:科学出版社, 2018.11

ISBN 978-7-03-051100-3

Ⅰ.多… Ⅱ.栾… Ⅲ.干旱区-水资源管理-评估 Ⅳ.P941.71

中国版本图书馆CIP数据核字(2016)第302592号

责任编辑:张 菊 吕彩霞/责任校对:彭 涛
责任印制:张 伟/封面设计:铭轩堂

科 学 出 版 社 出版

北京东黄城根北街 16 号
邮政编码:100717
http://www.sciencep.com

北京建宏印刷有限公司 印刷

科学出版社发行 各地新华书店经销

*

2018 年 11 月第 一 版 开本:720×1000 1/16
2018 年 11 月第一次印刷 印张:13 1/2
字数:260 000

定价:168.00元

# |序|

水资源是国民经济发展的命脉。然而由于时空分布不均，且与经济发展区位不相匹配，水资源短缺成为全球性问题。特别是我国，特殊的地理位置和所处经济发展阶段，使我国成为世界上水资源严重短缺的国家之一。伴随着工农业的高速发展、城市化进程的快速推进以及人口的迅速增长，水资源的刚性需求不断加大、供需矛盾日益突出，加之气候变化的影响，使得干旱作为水资源短缺的极端事件，呈现频发、广发的态势，给国民经济造成了巨大损失。特别是农业干旱，由于隐蔽性大、涉及范围广、产生原因复杂，其干旱过程更难控制、旱情更难预警，旱灾造成的损失更加严重；而且区域水资源一旦出现紧缺，供水往往优先保障城乡生活和工业生产，干旱负效首先在农业领域显现，粮食安全风险无形增高。

华北平原既是我国重要的粮食主产区，也是农业干旱的易发区；灌溉农业在保障粮食生产和区域经济的发展中发挥着极为重要的作用。然而，由于水资源开发利用程度极高，已造成严重的生态环境问题，形成了世界上最大的地下水漏斗区。在当下水资源供需调配日趋复杂、农业用水难以保障的背景下，以华北平原为研究区，进行区域农业干旱的预测和预估，对优化区域水资源调配、有效减少区域农业损失具有重要的支撑作用，同时对于提高区域农业干旱预警能力、保障国家粮食安全也具有紧迫的现实意义。

该书以"自然－社会"二元水循环理论为指导，在认知优化区域多水源调配体系的基础上，充分考虑区域未来经济产业布局，定量评估了未来区域农业干旱情势，给出了应对的策略。该书的特点体现在如下方面：一是充分考虑土壤水存贮空间分布的异质性，基于土壤水水库和有效水容量的有关理论与概念，构建了考虑土壤异质性的农业干旱指数，丰富了干旱研究的相关理论；二是根据区域水资源三条红线，针对区域特点和研究目标，划定了用水总量、用水效率、地下水总量以及可开采量四条红线，以此为依据，调整区域农业结构，优化设计区域灌溉制度，为区域发展"适水农业"提供了关键的技术指导；三是借助分布式水循环模型，基于上述干旱指数和优化灌溉制度，定量评估了连旱情景下干旱情势，为区域制定干旱风险图和区域干旱预警对策提供了决策参考；四是耦合分布式水循环模型和地下水动力模型，定量预估了连旱情景下干旱应急水源——地下水的水量、水位变化，提出了区域干旱应对策略，为区域布设干旱应急水源储备提供了重要依据。

　　该书将实地模型研究与宏观发展战略研究相结合，相关研究成果对我国农业干旱过程识别及评价等相关领域具有一定的理论推进作用以及研究参考价值；同时也为促进区域农业干旱管理理念由"抗"转"控"、构建区域预警系统提供了技术支撑。

中国工程院院士

2018 年 8 月

# 前　言

华北平原自古以来就是我国的粮食主产区，由于区域水资源禀赋条件不佳，自古也是农业干旱的易发区，"丁戊奇荒"就是史上罕见的特大旱灾。改革开放以来，华北平原逐渐成为我国的政治文化中心区域和能源化工基地，为了保障发展，区域水资源高度开发，生态用水不断被挤占，原本作为干旱应急战略水源的地下水超采严重，区域生态环境不断恶化。近年来，为了治理区域的水资源水生态问题，国家先后实施了南水北调东线工程、中线工程以及引黄入冀等调水工程。2015年起，针对华北平原严峻的地下水超采情势，又在冀东平原实施了地下水压采综合治理，开展节水灌溉，鼓励各种非常规水源利用。多种类型水利工程的实施革新了华北平原的江湖关系，增加了区域水资源调配的复杂性。在区域水系及水资源利用的新格局和新形势下，开展干旱等极端事件的预警与预估，可为减少区域经济损失、保持区域可持续发展提供重要的技术保障。

鉴于华北平原水资源问题的突出性以及粮食安全的战略性，著者及其团队成员基于多项国家级、省部级及地方自然科学基金，自2009年起，先后在区域内开展了野外土壤岩性测定和墒情监测试验、典型区产汇流过程试验，掌握了丰富的基础资料；基于此，自2012年起在研究区域——邯郸东部平原开展了基于水循环过程的农业干旱识别及预估等相关研究，并自2015年起，在优化灌溉水量时，针对区域地下水情势，重新优化了红线控制下的水利工程调配布局。

本书就是上述各项研究成果的一本汇集，主要包括4个部分8个章节。第一部分为理论部分，包括第1~2章：系统梳理相关领域的研究进展，提出多水源调配区农业干旱识别理论及定量评估方法；阐述研究背景意义和技术路线。第二部分为区域数据和工具，包括第3~4章：阐述典型区基本概况以及水资源和水利工程现状，绘制区域历史干旱图谱，构建基于二元水循环过程的干旱评价模型。第三部分为实践应用部分，包括第5~7章：定量预估典型区干旱情景下的应急水源蓄水变化，并进行定量评价，给出区域干旱应对策略。第四部分为结论与展望，即第8章，总结研究成果，并提出多水源调配区干旱评估预估未来的研究方向和重点。

本书是在国家自然科学基金青年项目"华北地区山前典型包气带单元的产流机制试验研究"（51409078）、国家自然科学基金面上项目"基于水资源系统的广义干旱风险评价与风险区划研究"（51279207）、河北省自然科学基金面上项目（E2017402178）、河北省教育厅科学研究计划重点项目（ZD2014020）、河北省教育厅人文社会科学研究重大课题攻关项目（ZD201443）以及国家重点基础研究发展计划（973 计划）（2006CB403401）、中国工程院重大咨询项目（2012-ZD-13）共同资助下，由河北工程大学、中国水利水电科学研究院、河北省水生态文明及社会治理研究中心等单位的研究人员共同完成的，具体撰写人员如下。

第 1 章，王浩，张世禄，闫桂霞，韩冬梅，高学睿。

第 2 章，栾清华，高学睿，张海行。

第 3 章，张世禄，张婷，杨翠巧，吴旭，方宏阳。

第 4 章，陆垂裕，孙青言，刘淼，栾清华，高学睿。

第 5 章，孙青言，栾清华，付潇然，王英，李思诺。

第 6 章，栾清华，孙青言，张海行，李思诺，王建伟。

第 7 章，吕海涛，吴旭，马小雷，景兰舒，栾清华。

第 8 章，王浩，栾清华，陆垂裕。

书中行政区域划分等绘图工作由山西省煤炭地质物探测绘院王斌完成。

特别指出，中国工程院张建云院士、海河水利委员会曹寅白教高、河北省水利厅冯谦诚教高、水利部灌溉排水中心韩振中教高、北京师范大学徐宗学教授等学术泰斗和专家在课题研究和本书编著过程中，多次给予了耐心指导；中国水利水电科学研究院高占义教高、严登华教高、杨贵羽教高及刘家宏教高为本书成稿提供了许多宝贵意见和建议；同时，编著成员在进行实地试验、调研和踏勘时，得到了河北省水利厅、河北省农林科学院、河北省水文水资源勘测局、邯郸市水利局及其下属有关单位的领导、专家和工作人员的指导和帮助，在此一并致谢。

限于笔者水平和编写时间，书中不足之处在所难免，敬请广大读者不吝批评赐教。

作　者
2018 年 6 月于北京

# |目　　录|

# |第1章| 绪　　论

农业是国民经济的命脉，水资源则是农业生产最关键的要素之一。随着经济社会的发展，城市化进程快速推进，人口高速增长，我国的第二、第二产业蓬勃发展并逐渐成为国民经济生产总值的中坚力量。第二、第三产业的高速发展在水土资源匹配上造成了两大突出的后效应：一方面，由于地方发展利益的驱动，原本有限的农业耕地被不断挤占，土地红线不断被突破，粮食安全问题日益突出，为了提高农作物产量，人类不得不通过改良种植作物品种、制订精细复杂的农业耕作措施、修建各种水利工程和地下水井灌区、优化灌溉制度等一系列措施来确保国家的粮食安全；另一方面，由于我国的水资源时空分布不均、水资源量的可利用性有限，地方政府在水资源调配上，往往优先考虑城市和工业，使得工业和农业的争水矛盾不断，特别是在干旱发生时，这一矛盾尤为突出。为了保障经济发展和粮食安全，生态用水不断被挤占，造成区（流）域水环境生态恶化，用于干旱应急的战略水源日趋枯竭。

在上述粮食生产面临的水土资源情势严峻和生态环境恶化的背景下，充分考虑区域未来经济产业布局，在区域水源调配体系认知、优化的基础上，通过构建区域分布式"自然-社会"二元水循环模型，对区域未来农业干旱进行定量评估并给出应对策略，对减少区域干旱损失和保障粮食安全具有十分重要的意义。

## 1.1　研究背景、目的和意义

### 1.1.1　研究背景

干旱是指长期无雨或少雨导致土壤和空气干燥的现象（李中锋和袁明菊，2011）。持续干旱容易加剧旱情、引发灾害，对人类及社会产生较大危害。干旱一旦成灾，在农业生产上极具破坏力，持续干旱打破了农作物水分平衡并致农作物减产或歉收，造成经济损失；若旱情持续时间长、波及面积大，抗旱措施跟不上，还会引发饥荒，危及国家粮食安全和人民生命财产安全；旱灾过后还易引发蝗灾，进而加剧饥荒，导致社会动荡。

根据相关历史资料，在世界范围内，由于干旱缺水，199 年初在埃及、1873 年在中国、1898 年在印度形成了大饥荒，这些大灾难被列入"世界 100 灾难排行榜"，使得千百万人死于非命。20 世纪的"十大灾害"中，洪灾并无列入，而旱灾却有 5 次，高居首位（中国气象局公共气象服务中心，2005）。受气候变化影响，自 20 世纪 50 年代以来，北半球许多国家和地区呈现少雨趋势。20 世纪 70 年代以来，全球发生干旱的陆地面积增加了一倍之多（翁白莎，2012），干旱的广发和频发态势日趋显著，干旱影响范围不断扩大，持续时间不断增加。联合国的评估报告指出，自 20 世纪以来，干旱已经成为影响人数最多的自然灾害，共有 20 亿余人受到影响，1100 多万人因旱死亡（翁白莎，2012）。由此可见，干旱一旦形成灾害，若没有有效措施，其危害性巨大。

旱灾也是我国最常见的灾种之一（冯平等，2002），在历代史书、地方志、宫廷档案、碑文、刻记以及其他文物史料中均有相关记载。公元前 206~1949 年的 2100 多年间，中国曾发生大小旱灾 1056 次，平均每 2.04 年就发生一次旱灾，可谓频繁。其中 16 世纪至 19 世纪，受旱范围在 200 个县以上的大旱，就有 8 次；明崇祯大旱（1637~1643 年）、清乾隆五十年大旱（1785 年）以及清道光十五年大旱（1835 年）涉及范围广，农作物大面积绝收，均出现了"饿殍载道"的景象，甚至出现了"人相食"的人间惨剧。进入 20 世纪以来，先后发生了 1920 年、1928 年和 1942 年大旱，这 3 次大旱均载入了 20 世纪世界"十大灾害"（中国气象局公共气象服务中心，2005）。

中华人民共和国成立以来，在党和政府的领导下，兴修水利工程、建设灌区、构建防汛抗旱组织，大大缓解了因旱造成的各项损失，特别是在人民生命安全上给予了极大保障。但是受到北半球少雨这一全球范围内气候变化的影响，加之社会经济发展对水资源的过度开发，我国干旱发生频率仍旧居高，几乎每年都会发生，而平均 2~3 年就会发生一次严重的干旱灾害。在气候变化和人类活动的耦合影响下，干旱灾害已经逐渐成为我国主要的自然灾害之一，造成的损失逐年递增，因旱成灾造成的损失在全部自然灾害损失中已超过三成（翁白莎，2012）。根据有关资料统计，1950~2008 年我国年均干旱受灾面积和成灾面积近 0.22 亿 hm² 和 9600hm²；因旱损失粮食作物 11.4 亿 t，按 1990 年粮食综合不变价 0.55 元/kg 计算，造成的经济损失高达 6270 亿元（翁白莎，2012；陈晓楠，2008；中华人民共和国水利部，2011）。这其中，仅 1991~2008 年期间，因旱受损的粮食作物就高达 7.2

亿 t，占了整个损失量的 63.2%（冯平等，2002）。2014 年夏，长江以北大部地区高温少雨，引发了史上罕见的大面积伏旱，涉及华北、黄淮、西北、东北、西南多个区域，河北、山西、内蒙古、辽宁、江苏、安徽、山东、河南、湖北、重庆、四川、陕西、宁夏等 13 个省（自治区、直辖市）359 个县（市、区、旗）4849.3 万人受灾，农作物受灾面积 622.86 万 hm²，直接经济损失 212.7 亿元（中国天气网，2014）。

当前，我国正处于经济发展的高速时期和关键时期，对水资源的刚性需求不断加大，干旱频发、广发的不利情势更增加了未来水资源开发利用的不确定性。一旦发生旱灾，城乡生活、工业供水优先的原则，使得干旱缺水造成的负面效应在农业领域得到放大，这无疑大大增加了我国粮食安全的潜在风险。如何减少干旱损失，特别是农业干旱损失，及时控制旱情发展，维护社会稳定，成为水利、农业等相关部门管理中的瓶颈和难点。

干旱与洪水相比，具有很大的隐蔽性。洪水如猛兽来袭，因其迅速、来势凶猛，极易受到重视；而干旱却如人罹患癌症，前期不觉，等发现为时已晚，且后期难以控制，一旦扩大，损失惨重。因此，长期以来，我国相关管理系统对待洪涝以"防"为主，对待干旱却是以"抗"为主；也就是说对待旱灾并没有主动"迎战"，旱灾一旦蔓延，政府部门非常被动。近年来随着干旱事件的频繁发生，旱灾损失的逐年增长，干旱波及面积的不断扩大，我国各级政府的相关部门改变思路，在农村"五小"水利工程、土壤墒情监测等方面加大了投入，由"抗"转"控"，再变"防"，做到在干旱发生时及时监测、出现旱情时及时调控，以防旱灾的迅速蔓延（王浩等，2014）。

总体而言，解决区域干旱问题特别是农业干旱问题需要结合区域实际，集合工程措施和非工程措施进行综合应对。工程措施主要体现在开源和节流两个方面。在开源措施上，以修建各种蓄水工程、实施跨流域调水工程以及鼓励非常规水源工程为主；在节流措施方面主要是节水灌溉及其配套工程。尽管工程措施是防旱抗旱的基本措施，但在最严格水资源管理制度和"三条红线"控制下，既要保证经济平稳增长，又要实施"适水发展"，亟须相应的非工程措施与之配套。特别在水资源发生短缺的时候，在优化产业布局、准确预测区域旱情、制定干旱风险及其预警机制、科学调配水资源以及时控制旱情发展、减少因旱损失等方面，非工程措施更为关键（陈志恺等，2014）。

华北平原自古以来就是我国最主要的粮食主产区，2013 年，仅河北一省的小麦和玉米的产量就高达 3365 万 t，占全国当年这两大作物产量的 1/10（中华人民共和国国家统计局，2014）。然而由于其地理位置和气象、气候条件的原因，又极易遭受春旱和春夏连旱，是旱灾频发、高发区域。前述旱灾中，均有华北地区的相关记载；除此之外，该区域又是 1876~1879 年华北大旱的主要发生地，此次大旱持续四年，涉及整个平原，导致农产绝收、田园荒芜，最终出现了饿殍载途、白骨盈野的人间悲剧，因旱饿死的人竟达一千万以上，史称"丁戊奇荒"。改革开放以来，华北平原又逐渐成为我国的政治文化中心地区、能源化工基地，其中环渤海经济带已成为继长江三角洲、珠江三角洲后国家经济发展的"第三极"，在全国经济社会发展格局中占有十分重要的战略地位。2013 年，仅京津冀三省（直辖市）的 GDP 就高达 62 172.16 亿元，占全国的 10.93%（中华人民共和国国家统计局，2014）。然而与重要的战略地位不匹配的是，这一区域又是我国水资源最为紧缺的地区，整个平原现有耕地占全国耕地的 1/5，亩[①]均水资源占有量却不到 300 m³（高学睿，2013）。另外，由于区域内人口稠密、生产发达，社会经济需水模数位居前列，因此水资源供需矛盾异常突出，现状一般年份缺水 20% 以上。迫于巨大的需水压力，不得不长期过度地开发利用水资源（秦大庸等，2010a）。为了缓解区域水资源的紧缺，一方面，国家先后实施了南水北调东线工程、中线工程，现已全部通水；另一方面，区域当地采取了地下水压采、开展节水灌溉以及鼓励非常规水源开发利用等一系列措施手段。因此上说，华北平原既是农业干旱易发区，又是水资源过程开发区，还是多项水利工程调配区，非常具有典型性。

邯郸东部平原位于华北平原的亚区平原——海河平原的南部，行政管辖隶属河北省，地理位置为 36° 04′ N~37° 01′ N，114° 18′ E~115° 28′ E。平原总面积为 7580km²，由滏阳河平原、漳卫河平原、徒骇马颊河平原、黑龙港平原共同交汇而成，行政区域涉及邯郸市区和 13 个县。邯郸东部平原是河北省的粮食主产区，其粮食种植面积和粮食产量一直稳居全省前茅。2013 年，区域耕作面积 515 万 hm²，粮食产量 555.6 万 t（邯郸市统计局和国家统计局邯郸调查队，2014），因此确保区域农业用水安全是一项非常重要的任务。然而就水资源禀赋而言，其条件并不占优，水资源时空分布不均，史上曾多次发生特大干旱。随着经济的发展，邯郸逐渐成为河北省经济贡献的大户，且为 GDP 做出贡献的基本都以钢铁、煤炭等高耗水行业为主，区域内部行业争水矛盾不断。在整个区域地表自产水资源量匮乏的基本情势下，为了确保农业生产和粮食安全，多年来东部平原农业灌溉水量很大程度上依赖于当地的地下水资源，造成地下水漏斗急剧扩大、超采严重。据统计，2013 年，邯郸东部 13 个县和市区的地下水开采量近 13 亿 m³，占全部供水量的 82.8%；其中农业灌溉抽取地下水量高达 11.51 亿 m³，占地下水供水量的

---

① 1 亩 ≈ 666.7m²。

88.6%，占区域全部供水量的 58.7%。整个东部平原近三年（2011~2013 年）的地下水超采量接近 6 亿 m³，用水结构极不合理（邯郸市水资源综合管理办公室，2014）。为了缓解用水矛盾，国家及河北省在邯郸东部平原先后实施了引黄入邯和南水北调中线等外调水工程。配合各项外调水工程，2014 年起，区域开始开展地下水压采治理，通过实施外调水配套工程、新增地表水工程和农业高效节水灌溉工程等一系列措施，来进行地表水和地下水的置换。"麻雀虽小、五脏俱全"，邯郸东部平原尽管不大，却是我国水资源本底条件不好、粮食作物主产、干旱易发、各项外调水工程供水、地下水超采严重等一系列问题集中的一个典型单元。可以说中国农业用水矛盾等各项水资源问题集中体现在华北平原，而华北平原的这些问题又集中体现在了邯郸东部平原。因此，本书以解决区域农业用水矛盾为出发点，以防旱抗旱、确保粮食生产安全为目标，基于实施最严格水资源管理制度的体制背景，力图提出一套"适水农业"的灌溉制度和相应的干旱风险评价体系，预估区域未来干旱情势，为整个华北平原农业干旱应对探索一套新思路。

## 1.1.2　研究目的和意义

农业干旱的产生与降雨量、土壤类型、农作物类型、区域水资源量及灌溉制度以及管理制度均有关系，是发生过程复杂、表象缓慢，一旦成灾后果比较严重的自然灾害。而影响农业干旱的各因素并非相互独立，而是相互关联、相互制约的，因此要想精确预测土壤墒情和旱情并非易事。在区（流）域水资源量有限的情况下，为了满足社会经济的高速发展以及人口的急剧增长，区（流）域兴建了水库闸坝、外调水工程以及农业灌区等一系列水利工程，并制定了越来越精细的灌溉制度。这一系列措施强烈扰动了区（流）域原有的天然农田水循环系统，使得区（流）域农田灌区（特别是平原区农田灌区）和城市建成区一起成为极具"自然-社会"二元特征的两大典型单元。区（流）域天然水循环与城市水循环、农田灌区水循环互有连通、互有耦合，更加剧了土壤墒情和旱情预测的难度。

本书基于"自然-社会"二元水循环理论，对邯郸东部平原干旱情景下的农业干旱及应急水源变化进行了定量评估，总体来说，其研究的目的和意义可总结归纳为如下几点。

1）在水资源本底条件较差的北方区域，供需矛盾是水资源管理的难题。以往我国的水资源管理是粗放式的"以需定供"模式，不仅造成了水资源的浪费，还对区域水生态造成了严重破坏。2014 年我国全面启动最严格水资源管理考核问责，这意味着水资源管理模式转向"以供定需"成为可能。在此背景下，本书针对邯郸东部平原的水资源本底条件和取用水状况，参照邯郸地区"十三五"经济发展规划和未来水利规划，依据最严格水资源管理制度和地下水压采实施方案，基于典型区域的多水源调控体系，对区域未来干旱情景下的水资源进行了进一步优化配置，并就干旱情景下的灌溉制度进行了优化设计。这一研究为干旱应急状态下适水农业的发展框架的构建奠定了关键基础；同时也为区域水资源管理在"以需定供"转向"以供定需"的过渡时期内，如何开展适水经济发展提供了决策的参考依据。

2）农业干旱的定量预测是干旱管理由"抗"转"防"的关键技术。在上述区域干旱情景下水资源配置结果和改进后的灌溉制度的基础上，基于农田二元水循环原理，借助二元分布式水资源模型 MODCYCLE（An Object Oriented Modularized Model for Basin Scale Water Cycle Simulation），通过构建 SM-AWC（Soil Moisture Based on Available Water Capacity）干旱指标，对研究区多水源调配体系下不同情景的农业干旱进行了定量预估。这一研究为研究区"双红线控制"（用水总量红线控制和地下取水总量红线控制）下的农业干旱预警管理提供了有力的技术支撑，同时也为华北平原其他区域的抗旱预警管理提供了借鉴。

3）地下水是干旱发生时最有保障的应急水源，更是区域发生特大干旱时的"保命水"。由于地下水超采严重，2014 年起，整个华北平原开始实施地下水压采政策，实施效果如何，亟待评价。本书依据《河北省邯郸市地下水超采区节水压采实施方案》（邯郸市水利局，2014a）的要求，基于上述区域未来干旱情景下水资源配置结果，通过 MODCYCLE 模拟，对干旱情景时"双红线控制"下不同情景邯郸东部平原的浅层地下水和深层地下水恢复情况进行了定量预估和评价。这一研究无疑将为邯郸市地下水压采方案实施效果评估提供有力借鉴；同时也是评估引黄入冀（邯郸段）和南水北调中线两大工程实施效果的重要依据。

4）干旱应对策略的制定是干旱预警管理的根本措施，也是区域抵制旱灾的重要的非工程措施。本书基于研究区不同情景设定下农业干旱定量预估及干旱应急水源储备预测的结果，依据国家和区域水资源管理相关政策，制定了未来研究区的干旱应对策略。特别地，针对区域水文地质条件、生态水网及水利工程布局等具体情况，制定了干旱应急水源——地下水战略储备的分期实施目标，划定了区域地下水储备区。这一研究夯实了邯郸市干旱应对策略，使得区域的干旱预警管理落到了实处，同时也为华北平原其他区域的干旱预警提供了参考。

# 1.2　国内外相关研究进展

## 1.2.1　干旱定义及指标

### 1.2.1.1　干旱定义及分类

干旱是一个异常复杂、难以辨识的动态过程。正因如此,迄今为止,并没有一个明确的干旱的定义。从大然水循坏的角度来说,干旱是由于系统水分的收与支不平衡造成的一种水分短缺的自然现象(孙廷容等,2006)。当有了水利工程等人类活动的干扰,水循环呈现"自然-社会"二元性后,干旱就是自然水分收支的不平衡以及社会系统中水资源供求之间的不平衡之间相互耦合、相互作用而形成的一种复杂现象。

干旱之所以复杂,在于其形成过程涉及了不同的要素。目前,气象、水利、农业、地质其至社会经济等不同专业及其相应职能部门都有涉及干旱的相关研究或管理。不同的学者或者管理者也就相应地会从不同的角度和视野来解析、定义和评价干旱。譬如:①研究气象学领域的有关人员和管理者普遍以降水多少来判定干旱,世界气象组织(World Meteorological Organization,WMO)(1992)把干旱定义为是一种持续、异常的降雨短缺;Matalas(1963)认为从广义上讲,干旱是相当长一段时间的干燥;Scheider 等(2011)认为干旱是某一时段内降雨小于多年平均值的一种自然现象。②水利工作者则从径流和水量的匮缺上来定义干旱,如 Whipple(1966)就认为干旱是指某一时间内,河道平均径流量小于长期平均径流量的现象;耿鸿江和沈必成(1992)认为干旱是指在区(流)域上水文循环的某些过程或要素的长期缺水。③从事农业生产或者农田水利的人则主要从土壤墒情或者作物的水分亏缺上来定义干旱。如张景书(1993)认为干旱是在一定时期内因无雨或者少雨引起的土壤水分缺乏,导致作物正常生长所需水分不能满足的一种现象。④从事管理工作和研究人员认为干旱是在"自然-人类"社会经济双重系统下,由于水分短缺影响了人类的生产、生活以及消费等社会经济活动的现象(闫桂霞,2009),多数以水分供应来作为评判指标;仁尚义(1991)认为干旱是指长期无降水或降水异常偏少的气候背景下,水分供应严重不足的现象;还有人指出管理不当也可导致水分缺失产生干旱,提出了用水管理干旱的概念,这一该概念就属于社会经济干旱范畴中最典型一种(张钰和徐德辉,2001)。

针对上述干旱涉及的主要领域，美国气象学会（American Meteorological Society，1997）在总结了各种定义的基础上，将干旱分为气象干旱、农业干旱、水文干旱及社会经济干旱四大类型,这四大类型的干旱概念如表1-1所示(闫桂霞，2009）。这一分类明晰了各种干旱之间的界限，从一定程度上避免了界定干旱的模糊性，并得到了相关学者的普遍认同。根据定义不同，不同类型干旱的研究对象也不同，连同干旱研究内容及研究目的等特点总结如表1-1所示。

**表 1-1 干旱的主要类型、概念及其研究特点**

| 干旱类型 | 概念 | 研究对象 | | 研究目的 | 研究内容 |
|---|---|---|---|---|---|
| 气象干旱 | 由降水和蒸发不平衡所造成的水分短缺现象 | 过程：大气水循环 | | 干旱预警预报；干旱对水循环要素影响；干旱对水循环过程影响；干旱的综合应对 | 干旱的内涵；干旱的表征；干旱的影响；干旱的应对 |
| | | 要素：降雨、蒸发、温度等 | | | |
| 农业干旱 | 以土壤含水量和植物生长形态为特征，反映土壤含水量低于植物需水量的程度 | 过程：土壤水循环 | | | |
| | | 要素：土壤含水量等 | | | |
| 水文干旱 | 河川径流低于其正常值或含水层水位降落的现象 | 过程：地表与地下水循环 | | | |
| | | 要素：径流、湖库水位、地下水位等 | | | |
| 社会经济干旱 | 由于水分短缺影响生产、消费等社会经济活动的现象 | 过程：社会经济水循环 | | | |
| | | 要素：取水、输水、用水、排水等 | | | |

除了上述分类外，许多学者根据干旱发生季节的不同，或者干旱影响地域的不同，抑或干旱影响的历时不同以及干旱影响对象的不同和发生原因的不同等等，又将干旱的概念进行了不同的外延和分类，不同外延分类依据及其相应类型如表1-2所示（闫桂霞，2009）。

**表 1-2 不同干旱的外延分类依据及其相应类型**

| 干旱分类依据 | 干旱类型 |
|---|---|
| 干旱发生季节 | 春旱、夏旱、秋旱、冬旱、伏旱 |
| 干旱影响地域 | 平原干旱、山区干旱或农业干旱、牧业干旱 |
| 干旱历时及特征 | 永久性干旱、季节性干旱、临时性干旱、隐藏干旱 |
| 干旱影响对象 | 农业干旱、林业干旱、草原干旱 |
| 干旱发生原因 | 大气干旱、土壤干旱或生理干旱 |

　　尽管把干旱分成了几种不同类型，但由于干旱实际形成并不是分开的几个独立过程，而是一个连续的过程。因此一些学者，从系统的角度提出了综合干旱或者广义干旱。Palmer（1965）认为，干旱是一种持续的、异常的水分缺乏。颜开等（2013）认为气象、农业、水文及社会经济这四大干旱为狭义干旱，这些干旱的指标体系的实用性差。该研究团队基于陆地水文学的知识体系，以区域水资源承载力研究为前提，提出了基于水循环的一种广义干旱，并简析了广义干旱与各种狭义干旱的区别与联系，还强调了陆地水文学在研究干旱领域中的重要地位。严登华等（2014）遵循"自然-社会"二元水循环机理，从水资源系统角度出发，提出了广义干旱，剖析了广义干旱的内涵，构建了广义干旱的定量化评价方法；结合气候变化以及下垫面条件改变、水利工程调节等人类活动对干旱事件的影响特性，构建了广义干旱演变的整体驱动模式，并就其驱动机制进行了定量识别。

　　综上可知，干旱因研究者关注的领域不同其定义纷繁多样，通过查阅有关文献可知，目前公布的干旱定义就多达150余种（闫桂霞，2009）。但在百种干旱定义中，并没有一个定义能够被各界学者广泛接受并认同。也就是说至今而言，普适性的干旱定义仍旧空白（黄健熙等，2015）。

### 1.2.1.2　干旱指标的研究进展

　　指标是用来表征某一现象的物理量，定义什么是干旱时就自然涉及用什么样的指标来描述、表征或者评价干旱的问题。由上可知，因研究学者关注的角度不同，干旱的定义不尽相同。相应地，表征干旱的指标或指标体系因其定义不同而千种万样。由于干旱评价指标研究是干旱事件时空演变特征、干旱成因、干旱预估及综合应对策略等一系列研究的基础和前提，不少科学工作者根据自己研究的方向和目的，做过相关大量的工作探索。特别是自19世纪以来，指标的物理意义愈发明确，类型也逐渐繁多。1900年以来一些重要的干旱指标及其提出的学者和发表时间等有关情况如图1-1所示（翁白莎，2012）。

　　总结这些指标及其研究进展情况，将19世纪至今的干旱指标研究历程大致分为萌芽期、成长期和发展期，这三个发展阶段内具体的指标，如图1-2所示。

　　萌芽期（20世纪60年代前）：主要包括Munger指标（Munger，1916）、Kincer指标（Kincer，1919）、Blumenstock指标（Blumenstock，1942）等。指标评价主要以降雨等单因子或者双因子为表征，计算简单，但普适性不强。

　　成长期（20世纪60年代至90年代）：主要有Palmer指数（Palmer，1965）、降水量距平百分率（中央气象局气象台，1972）、BMDI指标（Bahlme and Mooley，1980）和正负距平指标（刘昌明和魏忠义，1989）等。指标评价以多

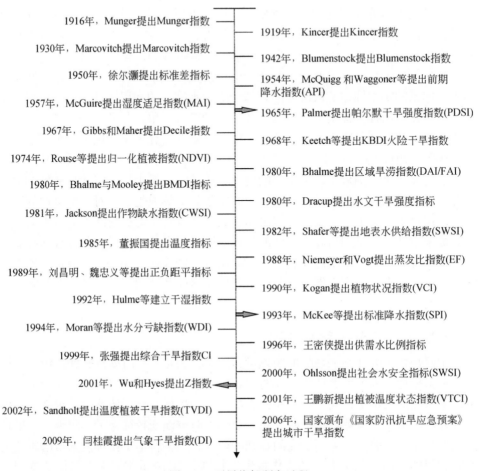

图 1-1　干旱指标研究过程

因子表征为主，一定程度上考虑了水循环要素与过程，并具有一定的物理机制。

　　发展期（20 世纪 90 年代至今）：此期间主要为多个干旱指标的综合（GB/T 20481—2006）、分布式水文模型为基础的干旱指标（GBHM-PDSI 模型）（许继军等，2008）和基于遥感的干旱指标——植被温度状态指数（vegetation and temperature condition index，VTCI）（王鹏新等，2001）、温度植被干旱指数（temperature vegetation dryness index，TVDI）（Sandholt et al.，2002）、植被供水指数（vegetation supply water index，VSWI）（莫伟华等，2006）、标准植被指数（standard vegetation index，SVI）（Peters et al.，2002）几种类型为主。指标评价多从水资源系统出发，考虑因子与评价内容多样化，且多时空尺度更为精细。

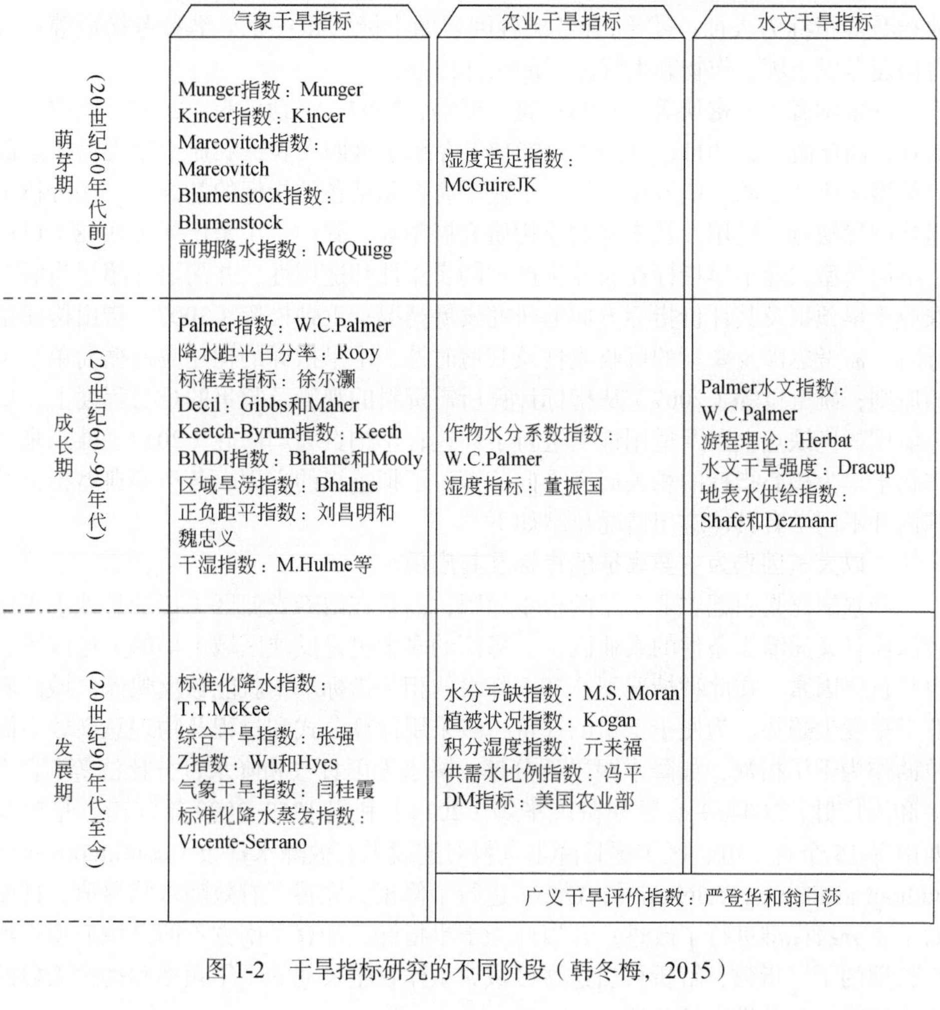

| | 气象干旱指标 | 农业干旱指标 | 水文干旱指标 |
|---|---|---|---|
| 萌芽期（20世纪60年代前） | Munger指数：Munger<br>Kincer指数：Kincer<br>Mareovitch指数：Mareovitch<br>Blumenstock指数：Blumenstock<br>前期降水指数：McQuigg | 湿度适足指数：McGuireJK | |
| 成长期（20世纪60~90年代） | Palmer指数：W.C.Palmer<br>降水距半白分率：Rooy<br>标准差指标：徐尔灏<br>Decil：Gibbs和Maher<br>Keetch-Byrum指数：Keeth<br>BMDI指数：Bhalme和Mooly<br>区域旱涝指数：Bhalme<br>正负距平指数：刘昌明和魏忠义<br>干湿指数：M.Hulme等 | 作物水分系数指数：W.C.Palmer<br>湿度指标：董振国 | Palmer水文指数：W.C.Palmer<br>游程理论：Herbat<br>水文干旱强度：Dracup<br>地表水供给指数：Shafe和Dezmanr |
| 发展期（20世纪90年代至今） | 标准化降水指数：T.T.McKee<br>综合干旱指数：张强<br>Z指数：Wu和Hyes<br>气象干旱指数：闫桂霞<br>标准化降水蒸发指数：Vicente-Serrano | 水分亏缺指数：M.S. Moran<br>植被状况指数：Kogan<br>积分湿度指数：亓来福<br>供需水比例指数：冯平<br>DM指标：美国农业部 | |
| | | 广义干旱评价指数：严登华和翁白莎 | |

图 1-2　干旱指标研究的不同阶段（韩冬梅，2015）

### 1.2.1.3　农业干旱评价指标研究进展

较其他类型干旱而言，农业干旱的产生异常复杂，是所有干旱中最复杂的一种，其产生过程与土壤、作物和大气三大因素密切相关。由于其产生机制的复杂性，农业干旱同样没有一个准确的、统一化表征，指标种类繁多；不同的研究人员由于其专业领域不同，关注的角度不同，其表征指标体系也相应地分成几类：①考虑天气系统对农业干旱的影响，以降水、蒸发等气象资料计算得出的一些指标等为表征，如降水化标准指数等；②考虑土壤水分对农业干旱的影响，以土壤含水率等指标为表征；③ 考虑作物的生长发育特性和耐旱性，以作物水分亏缺指数等指标为表征；④ 综合考虑各因素的指标，如农业干旱参考指数等；或者构建考虑土壤、作物和大气因素的指标体系。

许多学者（王密侠等，1998；姚玉璧等，2007；王劲松等，2007；张俊等，2011；高桂霞等，2011；赵丽等，2012）介绍了这四大表征农业干旱类型（或部分类型）所涉及的一些具体指标。上述学者在总结各类指标的基础上，还分析了指标的优缺点、适用性及未来的应用研究展望等。其中，王密侠等（1998）讨论了不同类型农业干旱指标在农业生产中的实用性和适用性，并简要介绍了当时在农业干旱预报及其评价指标方面的研究发展情况；王劲松等（2007）指出构建指标时，需考虑涉及要素的可收集性及其适时性，干旱指标的构建应遵循简单明了的原则；姚玉璧等（2007）从指标计算所需资料的观测及收集的难易程度上、指标应用的优缺点上以及适用性上进行了评述；李柏贞和周广胜（2014）就未来以作物干旱为核心指标的相关研究方向，探讨了拟重视的方面。各类型典型指标及国内外不同学者具体应用情况总结如下。

**1. 以大气因素为主要表征的指标及其应用**

降水缺乏是引起农业干旱的根本原因，而且在雨养农业区（特别是地下水位较深而且又无灌溉条件的农业区），降雨的多少更是反映区域干旱的关键因子，也是首要因素。在此种情况下，基于降水的相关指标基本就能够反映该区域的农业干旱发生趋势。为便于干旱的评价，多采用计算公式和过程及物理意义较为简单的作为干旱指数，如降水距平百分率、降水无雨日数和降水百分比法等（袁文平和周广胜，2004a）。譬如黄晚华等（2014）利用 1959~2009 年江南、华南及西南等 15 个省（市、区）逐日降水资料对连续无有效降水日数（continuous days without available precipitation，Dnp）进行了修正，完善了有效降水临界值，进而对干旱分级标准进行了改进；并以此为干旱指标，计算了南方不同区域典型作物生长期的干旱指数，解析得出这些区域典型作物生长期的干旱频率和持续天数的逐年空间分布并进行了分析。

也有很多研究学者，以降水、蒸发等气象要素相关的干旱指标来进行农业干旱的评估，代表性的指标有标准化降水指数（standardized precipitation index，SPI）（McKee et al., 1993）、湿润指数（humidity index，HI）和标准化降水蒸散指数（standardized precipitation evapotranspiration index，SPEI）；其中，又以标准化降水指数 SPI 居多。

一些学者研究表明（袁文平和周广胜，2004b；熊光洁等，2014），SPI 可消除降水的时空分布差异，在一些区域的不同时间尺度，特别是年尺度上可有效反映旱涝状况。基于该指数，任余龙等（2013）分月、分季评价了我国西北五省1961~2009 年的干旱情况，并分析了区域干旱面积的空间变化特征。与此方法相似，周扬等（2013）评价了 1981~2010 年内蒙古不同季节干旱特征及其空间分布情况；同样以内蒙古为研究区，那音太（2015）将研究时期拓展为 1961~2010 年，并将干旱特征分析细化到了月尺度。王莺等（2014）采取两种不同的 SPI 指标，评价了 1971~2010 年甘肃省河东区的不同等级干旱频次的空间变化。孙智辉等（2013）在以 SPI 指标评价分析陕西黄土高原 1971~2010 年不同时间尺度干旱特征基础上，利用经验正交函数（empirical orthogonal function，EOF）分解方法进行了干旱分区，并分析了不同季节及全年干旱站次比及强度的年际变化。在海河流域应用上，方宏阳等（2013）以 SPI 评价了整个海河流域近 50 年的十旱趋势和空间分布情况，得出邯郸等南部区域干旱化趋势的结论。

由于 SPEI 指数可以抓住降水和蒸发这两个影响干旱的重要决定因素（熊光洁等，2014），该指标也被许多学者用于干旱评价研究。许玲燕等（2013）以 SPEI 为干旱指标，对云南省夏玉米发育期内的干旱时空变化特征进行了分析。也有部分学者将 SPI 和 SPEI 进行了对比分析，发现 SPEI 可较好地表征研究区季尺度或月尺度的干旱，SPI 可较好地表征年尺度的干旱（熊光洁等，2014；张岳军等，2014）；明博等（2013）的研究则表明，在北京地区，SPEI 可较好地反映气候变暖加剧干旱化趋势的现象。王林和陈文（2014）分别应用 SPEI 和 SPI两个指标，对比分析了全国 1961~2011 年干旱表征情况，结果显示 SPEI 指数引入蒸发项后，更能准确刻画几次特大干旱事件的地域中心、影响范围和强度。

在用其他指标进行干旱评估与对比方面，王明田等（2012）分析了近 50 年内，西南地区的干旱强度及其发生范围的年际变化规律。刘可晶等（2012）以淮河流域为研究对象，以 HI 和 SPI 为表征指标，分别计算分析了流域内 28 个国家基本气象站建站近 60 年来的月值地面气象观测数据；通过解析各指标变化特征，来找寻极端降水特征对干旱变化的影响。该研究结果表明：淮河流域农业干旱化的趋势增加，且随着季节性和地域性的不同而有所变化。

**2. 以土壤水因素为主要表征的指标及其应用**

由于作物是否缺水取决于根系所在土壤层的含水量，因此许多学者选择以土壤水相关的变量为表征进行农业干旱的评价与应用研究。陈家宙等（2007）考虑土壤剖面失水速率对干旱的影响，提出了以干旱强度和干旱程度为表征的土层干旱指标，作为对土壤含水率指标的改进；并以红壤为土壤类型，以玉米为典型代表作物，通过分析研究土壤剖面水分动态过程及其相应的作物产量，确定了玉米对红壤干旱产生的阈值，并以此作为灌溉的依据。汤广民和蒋尚明（2011）从作物的干旱机理和水稻节水栽培模式变化的角度，提出并论证了以土壤墒情作为水稻干旱指标的合理性和可行性。王文等（2015）采用标准化土壤含水量指数SSMI，对长江上中游地区2002~2013年模拟土壤含水量进行了评价，并从干旱强度及发展时间两方面评估了区域性干旱的表征能力。

一些学者为了精确监测作物实际的水分状况，在农业干旱指标构建和评价中，考虑了土壤水分平衡或能量平衡。焦敏等（2017）采用土壤水分平衡原理，研究了未来7天土壤墒情预报模型，用于辽宁省的农业干旱评价。吴迪等（2012）从地表能量平衡原理和水汽通量平衡角度入手，就影响农业干旱的蒸发、地表温度、降水及根系层土壤含水量等主要因素和与之匹配的RegCM3模拟的地表感热通量、地表潜热通量、大气环流和地表净通量之间的联系与变化规律进行了分析，辨识了区域农业干旱发生机理。在此基础上，以根系层土壤含水量为干旱指标，通过RegCM3模拟，对A1B情景下未来湄公河流域的月尺度农业干旱进行了预估。

还有些学者，鉴于研究区域水资源的有限性，在评价区域干旱时，利用了土壤水水库的相关理论。早在1996年，邓振墉等基于土壤水库理论，从大气降水 - 土壤水循环系统出发，分别以占田间持水量40%、60%和80%的土壤水分作为严重干旱、轻度干旱和最适宜作物生长发育的评价指标，就甘肃东部干旱、半干旱地区丰枯年的土壤贮水量进行了评价。秦越等（2013）以土壤相对含水量为干旱指标，选取频率为50%的土壤水深为干旱阈值，结合其他指标，对河北省承德市农业旱灾综合风险进行了评价。毛萌等（2016）以土壤相对湿度为指标，基于模型模拟的黑龙港地区土壤含水量，考虑了根系带的土体水库功能，比较分析了不同方案下的区域农业干旱时空分布特征，结果表明优化方案更能充分发挥根系带的土体水库功能，减少了灌溉水，能够高效利用土壤水。

随着3S（GIS、GPS和RS）技术的快速发展，借助遥感进行土壤墒情监测用于农业干旱评价的越来越多，如李兴华等（2014）采用土壤相对湿度划分干旱等级，通过土壤含水量地面观测与卫星遥感监测的有机结合，优势互补，可准确及时服务于内蒙古的干旱监测评估工作。

**3. 以作物因素为主要表征的指标及其应用**

鉴于作物的生理特性在农业干旱表征中所起的重要作用，20世纪70年代，国外的一些学者（Idso et al.，1977；Jackson et al.，1977）提出了冠气温差基础上的干旱表征指标——作物水分胁迫指数（crop water stress index，CWSI），被很多研究者（蔡焕杰等，2000；Alderfasi and Nielsen，2001；Yuan et al.，2004）认同并得到了广泛应用（陈家宙等，2007）。

黄晚华等（2009）利用地面气象观测资料，采用彭曼蒙特斯方法计算了湖南

省近百个气象站点的 1961~2007 年的参考作物蒸散量和典型作物——玉米的作物
需水量，结合区域降雨，对玉米水分亏缺指数计算方法进行了修正，并以此为指
标计算分析了湖南省发生季节性干旱频率的空间特征和时间特征。结果显示，就
湖南全省空间分布来看，衡阳及周边一带的湘中南区域发生干旱的频率最高；年
代之间比较后显示的结果表明，20 世纪 80 年代干旱较为严重。

王晓红等（2004）以作物的减产程度 CSDI（crop specific drought index）为
指标来衡量区域的农业干旱程度，基于此指标构建了灌区干旱风险评估模型，
并对湖北省孝感市徐家河灌区历年的干旱程度和干旱风险进行了分析。张玉芳等
（2013）以水分盈亏指数作为干旱指标，分析了四川省六大玉米种植区域的作物
生育期的干旱状况。

同样，伴随着遥感技术的快速发展，相关学者采用作物生长的遥感监测数据
来进行区域农业的干旱评价。黄健熙等（2015）以山东和河南两省冬小麦主产区
为研究区域，基于 2000~2012 年 MODIS 卫星的 ET/PET 数据和 NDVI（normalized
difference vegetation index）数据构建了 DSI（drought severity index）干旱指数，
并在研究区进行了验证，结果表明该指数可以较好地反映农业干旱的空间差异性
以及时间上的演变。卢晓宁等（2015）利用 MODIS 植被指数产品，以距平植被
指数 AVI（anomaly vegetation index）开展了对四川省 2001~2013 年旱情监测的
研究，并以 -0.05 为阈值进行了干旱的判定。

**4. 以综合因素为主要表征的指标（体系）及其应用或指标对比分析**

干旱综合指标以 Palmer 最为典型，Palmer 指数又称帕尔默干旱强度指数
（Palmer drought severity index，PDSI）（Palmer，1965；Palmer，1968），是
被世界各地广泛应用于各种类型干旱的指标（Karnauskas et al.，2007）。Palmer
在构建此指标时，不仅考虑到了降水、蒸发等气象因素，还考虑到了径流和土壤
含水量等条件以及水的供需关系，是一种考虑综合因素表征的干旱指标。而且该
指标在评判干旱时，能够完整地确定干旱持续时间并且可以有效地衡量土壤水分
（Karl and Koscielny，1982；Szinell et al.，1998）。由于该指标考虑了系统水量
平衡的概念，具有较好的时空对比性，并且可以描述干旱的整个过程（姚玉璧等，
2007），因此该指标可以较准确地对区域的农业干旱进行评价。美国商务部和农
业部在作物生长季节时，会联合发布《作物与天气周报》作为农业干旱预警，该
周报就常常以美国各气候分区的 PDSI 值作为评价指标来服务于农业干旱的预警。
余晓珍（1996）在中国七省区的部分地区就 Palmer 指标进行了适应性检验，阐
明了应用中遇到的各类问题，并根据区域特点对该指标进行了修正。我国气象部
门在 20 世纪 80 年代初也逐渐开始使用这一指标，相关人员组成华北平原作物水

分胁迫与干旱研究课题组，将此指标应用在了华北平原粮食作物水分胁迫和干旱关系的研究上，并于 1991 年左右取得了一定成果。

除了 Palmer 系统水量平衡外，国内学者（关兆涌和冯智文，1993）构建了水分平衡的"D 指标"，即在计算区域降雨距平值指标和连续无雨日数指标的基础上，考虑区域供需水矛盾，基于降水、土壤、径流和蒸发四个方面的相关物理量构建 D 指标。应用该指标在山西省临汾地区贤庄站控制区和运城地区的冷口站控制区进行了实例分析。同时，这也是国内在农业干旱指标相关研究中较早考虑供需水矛盾的文献。还有一些学者综合考虑土壤、作物和大气三个重要因素提出了农业干旱参考指数（agricultural reference index for drought，ARID），并建议时间尺度以天（即 24h）为宜（Woli，2010）。刘宗元等（2014）以西南地区为研究区域，就玉米生育期内以 ARID 为指标表征的干旱时空特征和规律进行了分析验证。

除了综合性指标外，还有部分学者将不同类型的指标融合，构建综合评判的指标体系或者将不同的指标进行研究比对。冯定原等（1992）在总结了当时不同省份和区域经常使用的各类指标的优缺点的基础上，明确区域的农业干旱主要还是由降水这一自然因素起主要作用，而在表征降水的指标上，通过分析对比各种指标，明确区域农业干旱与多年平均水分盈亏状况 $\overline{P-R}$ 密切有关，基于此，提出了 RAI 指标，并对全国农业干旱进行了评估，分析了全国农业干旱的时空分布特征。王晓红等（2003）采用降水量指标、供需水关系指标和 PDSI 三种干旱指标，在湖北省某典型灌区进行了对比分析，结果表明 PDSI 由于综合映射了水分亏缺和持续时间，能够描述农业干旱的过程，更适宜灌区农业的干旱评估。李海亮等（2012）由遥感数据计算得出区域标准化植被供水指数，由地面气象观测数据计算得出综合降水指数，并对区域土壤墒情进行同步实测，将上述三个指标融合构建了干旱综合指数模型，并在海南岛进行了模型验证和应用，为热带区域的农业干旱监测提供了很好的参考。孙丽等(2014)基于温度植被干旱指数(TVDI)和降水量距平指数（PPAI）构建了综合干旱监测指数（IMDI），并对湖南省武陵山区进行了干旱监测试验研究，研究结果与标准化降水指数（SPI）进行了比对分析，结果表明：IMDI 更具稳定性，SPI 在干旱发生时易加重旱情的判定结果。

另一批学者在原有的农业指标评价的基础上，结合人工神经网络、混沌算法、熵值理论以及粗集理论等一系列非线性理论方法，构建了农业干旱评估模型，并在选择的典型区域上进行验证或案例分析。孙廷容等（2006）以影响灌区干旱最主要的降雨、径流、水库蓄水、地下水因素构成评价指标体系，并基于粗集理论和非对称贴近度，就上述指标体系采用改进可拓评价方法对陕西省关中四大灌区进行了应用。陈晓楠（2008）以农业相对经济损失评价指标，基于人工神经网络（artificial neural network，ANN）拟合函数原理，构建了农业干旱程度评估模型；在 ANN 训练方法上，将梯度下降法和混沌优化算法结合，提高了模型运算速度。使用该模型和方法，计算分析了河南省濮阳市渠村灌区的干旱程度的概率分布。赵福年和王润元（2014）采用模式识别法，以位于陇西黄土高原的甘肃定西市定安区为研究区域，以区域 1986~2011 年小麦生育期的气象要素和产量资料为指标，对区域农业干旱发生状况进行判定，为干旱致害机理的深入探讨和研究提供了参考依据。同样以河南省濮阳市渠村灌区为研究区，陈海涛等（2013）利用 Monte Carlo 法生成了区域长系列降雨资料，以农作物在非充分灌溉条件下的减产率为指标，利用最大熵原理，构建了区域干旱度分布密度函数，并在研究区进行了实例计算。卢晓宁等（2015）考虑四川复杂的地形地貌，结合水文、综合气象、实际灾情以及社会经济信息构建了干旱指标体系，利用熵权赋权法，实现了基于 DEM 格网的区域干旱风险评价。

## 1.2.2　水循环模拟与二元水循环理论

### 1.2.2.1　水循环认识及机理辨析

自然界中各种形态的水，通过不断蒸发蒸腾、水汽输送、凝结、降落、下渗、产汇流形成河湖海洋的往复循环过程，称为自然水循环，水文学就是围绕水循环的关键过程和要素进行研究的一门学科。

人类对水文循环的研究始于对水位等循环要素的简单观测。早期，人类因生存需要，或鉴于农田灌溉需要，或为了避免洪涝灾害损失，而对水逐渐重视并开始进行观测和简单分析。譬如，古埃及人民在 5000 年前在尼罗河上就设置了水文要素观测设备，观察尼罗河的水位涨落，找寻其规律，成就了埃及繁荣的灌溉农耕文明以及古埃及的强大和辉煌；我国早在公元前 2300 年前就用到了"随山刊木"的水位观测方法。然而，随着水力学等基础学科以及科技的快速发展，单纯的水文要素的观测已经不能满足学科和生产的需要，进入 20 世纪以来，兴起了水文试验研究和解析水循环过程机理机制的热潮，水循环模拟的相关研究也进入了高速发展时期。由于产汇流过程是整个水循环模拟的关键，因此产流理论和机制是水循环模拟研究伊始至今的要点和重点。

最早的产流理论是由 Horton 于 1935 年提出，他认为降雨产流过程中：雨强超过下渗强度产生超渗地表径流，包气带含水量超过田间持水量则产生地下径流

（Horton，1935）。Horton 明确阐明了均质包气带的产流机制，但不能解释非均质或表层透水性极强的包气带的产流机制（Stephenson and Meadows，1986）。20 世纪 60 年代，赵人俊等发现了局部产流问题，创造性地构建了流域蓄水容量曲线，并提出了"蓄满产流"和"超渗产流"两种基本产流模式（赵人俊和庄一鸽，1963；赵人俊，1984），这是水文学史上具有独创性的研究（芮孝芳，2013）。20 世纪 70 年代初，Dunne 等阐明了非均质包气带产生壤中流的产流机制（Betson and Marius，1969；Dunne and Black，1970a，1970b），圆满回答了 Horton 不能解释的问题，是 Horton 产流理论的重大发展。之后，Kirkby 等（1978）总结了相对不透水层的产流机制，提出了山坡水文学产流理论，这个新的产流理论使得人们对自然界复杂的产流现象有了更深入的认识，是对 Horton 产流理论的重要补充（赵人俊，1984；芮孝芳，1997）。在前人成果的基础上，于维忠（1985）基于水分在有孔介质的运行理论，将 "界面产流"的基本规律进行概括，总结归纳了天然条件下 9 种基本产流模式，并阐明了各种模式实际存在的客观条件以及相互转换关系。

研究产流机制的方法有多种，利用试验或基本物理模型来模拟或描述产汇流过程是一种基础且有效的方法（王浩和王建华，2007）。只有通过大量反复的科学试验，才能发现问题、解决问题，从而进一步完善相关理论。上述产流理论大都基于试验的基础上，尽管早期的产流试验虽然都是在试验土槽或者小型试验场上完成，但试验结果却大大促进了产流理论的发展。1935~1944 年，在 Horton 通过试验提出自己的产流理论的同时，许多水文学者通过在试验场的观测，指出壤中流在暴雨径流形成中的重要性（吴伟，2006）。Hewlett 和 Hibbert（1963，1967）早于 Dunne 通过灌水试验发现了非饱和流也能产生地下径流的现象。Zaslavsky 和 Sinai（1977）通过均匀降雨径流试验揭示了非饱和侧向流的存在，并得出了土壤含水量受地形曲率影响的试验结论。Kirkby（1978）的山坡水文学也是在大量水文实验研究基础上，总结前人试验和有关成果后才提出。

随着研究的不断深入和实验设备等硬件设施的不断建设，国内许多学者展开了产汇流等有关水文响应的试验研究。吴彰春等（1995）进行了大量的室内降雨坡面汇流试验，着重探讨了雨强与洪峰流量及汇流时间的关系、雨型对洪峰流量的影响规律等问题。武晟（2004）进行了均匀人工降雨下不同下垫面产汇流实验研究。张士锋等（2004）通过降雨径流模拟实验，发现降雨历时和降雨强度都会影响汇流的滞时，由此推断单位线在北方干旱、半干旱地区适用性不好的原因，建议使用单位线进行汇流计算时需注意降水条件，并进行非线性校正。Wang 等（2012）在黄土高原对作物生长等 6 种不同植被覆盖的子流域进行观测，指出不同的土地利用情况下，试验单元的洪峰流量、径流系数以及历时等水文响应的不同。另外国内的一些学者还做了其他类型和研究目的的产流试验（李小雁等，2001；李裕元和邵明安，2004；朱淑环和周光涛，2012）。国内的这些产流试验，结合产流理论的发展，就我国不同区域的产流机制做了补充研究，为相应区域的水循环模拟提供了技术支撑，特别对区域水文模型的改进以及参数的优化率定上提供了重要参考。

在产流理论发展的同时，降雨入渗和土壤水分运动机理的定量研究也在蓬勃发展。Green 和 Ampt（1911）建立起一种具有一定物理基础的，并能够反映入渗速度与水势梯度之间关系的下渗曲线，即 Green-Ampt 曲线。Richards 于 1931 年，以达西定律和连续方程为基础提出的非饱和土壤入渗水运动的偏微分方程，尽管方程解析解难以求得，但这标志着土壤水分运动机理定量研究的开始（黄新会等，2004）。Green-Ampt 曲线和 Richards 方程是处理土壤入渗问题的两大基本途径，之后学者对两者进行了许多改进。Mein-Larson（1973）在分析降雨入渗机理的基础上，对 Green-Ampt 公式加以了改进。Chu（1978）对 Mein 和 Larson 修正过的公式进一步改进，提出了变雨强条件下入渗的计算方法，改进后的公式可以用于变雨强、多次积水情况下入渗量的计算，在入渗计算方面前进了一大步。中国学者在本土应用时，也改进了 Green-Ampt 曲线，通过了模拟验证（包为民，1993；彭振阳等，2012）。Philip（1957）对 Richards 方程进行了系统研究，得到了方程的解析解，并加以简化得到 Philip 入渗方程；之后还对山坡入渗问题进行了研究（Philip，1991），丰富了坡地水文学的有关机理。无论是流域蓄水容量分配曲线，还是流域下渗容量分配曲线，本质上都是由于土壤特性的空间分布不均匀性，即空间变异造成的（芮孝芳和姜广斌，1997）。上述土壤水有关理论的发展为处理土壤特性的空间变异提供了有力工具（雷志栋等，1988）。即便现在，很多水文模型在考虑降雨入渗和土壤水文运动时都还基于 Green-Ampt 曲线和 Richards 方程。

随着工业革命和科技的发展，水文循环要素的观测越来越多，观测精度越来越高，观测手段越来越趋于自动化，数据记录和传输手段也越来越先进。目前，连续的水文循环过程数据以及多尺度空间的水文要素数据都可获取。通过海量数据分析，使得人类无论从广度还是深度上，对水文循环都有了更进一步的机理性认识。海量数据还为开发水文模型的提供了重要的信息支撑，优化了模型结构、提高了模型精度，使得从事水文的科研人员得以从物理实验和繁重的原型观测中解放出来，也促使了水文模型研究的快速发展，并取得了辉煌的成就和很大的进步。

### 1.2.2.2　水文模型和水循环模拟

模型是对某一系统或者过程的一种抽象和概化，水文模型就是近似描述水文过程和水循环规律的一种方法，是模拟水循环的一种重要工具和手段（徐宗学，2010）。最早，水文模型是基于产流经验计算发展而来的，而降雨径流相关图则是水文学上最早出现的具有普适性产流计算方法。1951 年美国学者 Kohler 和 Linsley 根据实测降雨和径流资料分析制作了世界上第一张降雨径流（P-R）相关图，并提出了前期影响雨量 $P_a$ 的概念和计算方法（Kohler and Linsley，1951），之后并得到了改进（Linsley and Franzini，1978）。在美国学者制作的 P-R 相关图的基础上，中国提出了两种形式的 P-R 相关图：一是以前期影响雨量 $P_a$ 为参变数的 4 变量 P-R 相关图（赵人俊和庄一鸽，1963；水利电力部福建省水文总站，1965），适合湿润地区；二是以前期影响雨量 $P_a$ 和降雨强度为参变数的 5 变量 P-R 相关图（邓洁霖，1965），适合干旱、半干旱地区，特别适用的是年雨量小于 200 mm 的中国陕北黄土高原地区。正是基于这两种不同的 P-R 相关图，赵人俊分别提出了"蓄满产流"和"超渗产流"的概念（赵人俊，1984），使得产流机制的研究上升了一个新台阶，为概念性流域模型的构建提供了理论依据。

在汇流计算上，单位过程线的提出是水文史上的里程碑事件。20 世纪 30 年代，汇流单位过程线的概念由美国水文学家 Sherman 提出，较只能计算流域出口洪峰流量的 P-R 响应公式而言，通过它还可以计算得出流域出口的洪水过程线。因此汇流单位过程线很快被传到世界各地，并广泛应用于产汇流的实际研究中。之后，以此为基础，就单位线进行产流计算方面开展了许多工作。爱尔兰国立大学的水文学家和水文教育家埃蒙·纳什（J. E. Nash）1957 年提出了瞬时单位线的概念，该单位线通过数学近似处理，对不同的洪水过程具有较好的适用性；该单位线在我国应用非常广泛，并获得逐步得到了完善和发展。Rodriguez-Iturbe 和 Valdes（1979）基于地貌信息对产流过程的影响而构建了地貌瞬时单位线法，该方法可以将地貌信息进行转化，并结合降雨的特性来推求流域出口处的流量过程。P-R 相关图与单位线和马斯京根法一起成为当时我国最具代表性的、使用最普遍的几种产汇流计算方法（赵人俊，1984）。

随着计算机的出现，从 20 世纪 50 年代后期，许多研究学者提出了"流域模型"的概念，流域产汇流分析逐渐由 P-R 相关图与单位线或马斯京根法结合进行计算，转变为用模型进行模拟计算。流域模型的概念一提出，随即有 SSARR 模型（1958）和 Stanford（斯坦福）模型（1959）的出现（袁作新，1988），之后又有了 Boton（包顿）模型（Boughton，1968）、新安江模型、陕北模型、SCS

模型、Tank（坦克）模型和 Sacramento（萨特拉门托）模型等一系列概念模型。其中，萨克拉门托模型是由 NWS（National Weather Service，美国国家天气局）的水文办公室（Office of Hydrologic Development）研究人员于 1973 年首次提出。模型借鉴了 Stanford-Ⅳ流域水文模型的算法，功能改进得更完善，适用性较强，在大中型流域应用以及在湿润和干旱地区的应用都有较好的水文预报精度（袁作新，1988）。Tank 模型（坦克模型，又称水箱模型），由日本水文学家菅原正巳于 20 世纪 50 年代提出，模型可以通过串联水箱描述概化流域垂向水文过程，而以并联水箱描述刻画不同小流域在整个流域水文特性的空间变异性。由于串并联可以根据实际情况进行组合，因此模型具备很好的适用性，在很多地方取得了很好的模拟效果（WMO，1975；袁作新，1988；菅原正巳，2000；高学睿，2013）。1960s，河海大学赵人俊教授及其研究团队，针对我国南方湿润地区的 P-R 关系，提出了蓄满产流模型，并以此为基础构建了概念性流域水文模型——新安江模型（赵人俊，1984；袁作新，1988），这是我国水文学史上一个重要的里程碑。至今，新安江模型仍是我国水文预报实际作业应用最多的模型。

　　模型的构建以及模拟精度的提高，其根本取决于对水循环认识程度和对循环机理的辨析程度。纵观上述各概念性模型结构，其产流模块都是基于基本的产流机制或模式：包顿模型和水箱模型与新安江模型本质上一样，都是基于"蓄满产流"模式；第Ⅳ型斯坦福模型和陕北模型本质上一样基于"超渗产流"模式（赵人俊，1984）；SCS 模型则通过设置不同的 CN 值来处理局部产流问题（Richard，1982）。

　　1969 年，Freeze 和 Harlan 考虑产汇流的空间差异性，首次提出了分布式水文模型的概念，但此类模型需要的输入参数和资料在数量和精度上都有很高的要求，并需要并行处理能力较高的计算机来运行模型。鉴于当时资料观测手段有限，计算机处理能力不高，分布式水文模型停滞在概念形成的雏形状态。1979 年，Beven 和 Kirby 提出了 TODMODEL 模型，到 20 世纪后期 80 年代以后，3S 技术的高速发展和计算机并行处理水平大幅提高，基于物理基础的水文分布式模型获得了飞速发展。SHE（Systeme Hydrologique Europeen）其中具有分布的思想。是第一个具有物理意义的分布式水文模型（Abbott et al.，1986），之后出现了 IHDM（Institute of Hydrology Distribution Model）（Beven et al.，1987）、SWAT 模型（Arnold et al.，1998）。在模型结构上一些学者更多考虑水文循环特点，出现了基于山坡单元划分的 GBHM（Geomorphology-Based Hydrological Model）模型（Yang et al.，1998; Yang et al.，2002）以及基于子流域内等高带的 WEP-L（Water and Energy transfer Process in Large river basins）模型（贾仰文等，2005）。郭生练等（2000）借鉴 SHE 模型的思想，提出和建立了一个基于数字高程模型（Digital

Elevation Model，DEM）的分布式物理水文模型，以 DEM 栅格作为模拟的最基本单元，详细描述了单元的各种水文过程。

流域的分布式结构描述启发了水文学者，将概念性模型进行改进，出现了许多半分布式、分布式模型，如分布式新安江模型（任立良和刘新仁，2000；徐宗学等，2009；Yuan et al.，2009），分布式时变增益水文模型（Xia，2002），PDTank 模型（徐宗学等，2009；徐宗学和罗睿，2010），区域综合水文模型（Integrated Hydrologic Model，IHM）（Ross et al.，2003），LL-Ⅱ 模型（李兰和钟名军，2003）和 EasyDHM 模型（Lei et al.， 2014）。田富强等构建了THREW（Tsinghua Representative Elementary Watershed）模型，在美国奥克拉玛贺州的蓝河流域伊利诺斯河流域径流进行了模拟，并通过数据和模拟结果剖析了两个流域的径流形成机制（Tian et al.，2012；Li et al.，2012）。针对华北地区受强人类活动影响的现实背景，陆垂裕等（2012）构建了一个面向对象模块化的分布式水文模型 MODCYCLE，模型充分考虑了人工取水情况，并且分别构建了城镇和农田的取—用—耗—排水模块，结构清晰，具有灵活的扩展性。模型在天津、衡水、通辽、邯郸等不同区域进行了模拟验证和应用（陆垂裕等，2012；秦大庸等，2010a；张俊娥等，2011a，2011b；高学睿，2013；王润东等，2011）。未来，随着信息技术的高速发展和互联网及云数据的来临，海量数据及其高速传输以及计算机运行能力的进一步提高必将推进分布式水文模型的高速发展。

### 1.2.2.3　强人类活动地区水循环和二元水循环理论

长久以来，人们都是基于物理成因一致的长系列水文要素观测资料来认识水文规律的（陈晓宏等， 2010）。然而，20 世纪后期，随着科学技术日新月异的发展，人类改造环境的能力得到空前的提高。人口增长，城市化进程步伐加快，人类活动对流域（区域）的水文过程的影响越来越显著。人类活动对自然水文过程的影响主要带来两方面的问题：一是人类活动导致水文要素的时空特性发生变异，直接后果是水文要素观测样本的统计特性与真实水文要素总体产生了偏差，利用水文要素观测值分析得到水文规律与实际严重不符，使得洪水重现期判断产生失误、供水决策产生偏差、水资源供需预测发生错误等一系列问题（孟祥琴等，2012）；二是以往根据天然"大气—坡面—地下—河道"的水循环路径建立起来的流域水文模型无法在强人类活动地区进行有效的应用。人类活动涉及的"取水—用水—耗水—排水"人工水循环路径与自然水循环路径相互叠加，使区域的水循环路径和水文过程变得更为复杂（Liu et al.，2010）。

　　为了应对人类社会快速发展过程中遇到的诸多水问题，1975 年，联合国教科文组织发起了一个长期的政府间研究计划——国际水文计划（International Hydrological Programme，IHP）；1985 年，联合国教科文组织又在全球范围内发起国际水文十年（International Hydrological Decade，IHD）计划。在这两个计划的带动下，水文科学领域出现了许多研究人类活动对水文水循环行为影响的研究议题和案例（Wouter et al.，2006；Todini，2007）。这些研究案例的研究热点集中在以下几个方面：①各种人类活动形式对地表水过程的影响，特别是对强人类活动区短时间尺度的洪水过程特征的研究。②人类活动对区域或者流域水资源演变规律的影响。随着人口的增长，区域水资源供需矛盾日益突出，解决社会经济迅速发展过程中出现的用水短缺和水污染等问题是实现可持续发展的前提条件。③人类活动对生态和农业的影响。生态和农业的健康可持续发展是社会经济发展的基础。人类活动对生态和农业的影响主要体现在通过改变流域下垫面条件对蒸散发、土壤湿度等关键水文过程要素的影响。美国、英国、瑞典、日本、加拿大、荷兰等国家近些年来在这方面做了许多工作（Nigel，1989）。

　　我国自 20 世纪 80 年代改革开放以来社会经济得到了迅猛的发展，人民的生活水平得到了极大的提高。据统计，1978 年，年工业用水量还不到 500 亿 $m^3$，而到了 2008 年这一数字已经达到了 1397 亿 $m^3$。人口的增长、城市化的推进大大改变了原有的水循环特性，强人类活动背景下的流域（区域）水资源演变规律的研究迫在眉睫。1980 年 10 月，我国科研工作者在武汉市召开了"人类对水文要素影响的研究"学术会议（黄锡荃等，1985），拟定了以下主要研究内容：①水利工程及农业管理措施对水文要素的影响；②森林系统的水文效应；③城市水文过程研究。之后，国内学者在该领域做了大量的研究，李洪建等（1996）对不同土地利用方式情况下的土壤水分运动进行了研究，指出不同土地利用类型的土壤水分利用率有明显不同。王少丽等利用流域水文站年径流量和对应的年降雨量数据分析了近半个世纪我国人类活动对径流量的影响（王少丽和 Randin，2011）；穆兴民和王文龙（1999）利用平行流域对比观测方法研究了黄土高原小流域水土保持活动对地表径流的影响机理；徐建华（1995）建立了人类活动对自然环境演变影响的定量评估模型，并应用于甘肃省黄河流域人类活动对水土流失的定量评估研究中。到 20 世纪 90 年代以后，分布式水文模型在国内得到了广泛的应用，也进一步促进了人类活动对水文过程影响的研究。仇亚琴（2006）应用分布式水文模型定量研究人类活动对汾河流域的水文水资源的综合影响；张俊娥等（2011b）应用分布式水文模型对天津市"四水"转化水文过程进行定量的计算，取得了有价值的成果。

　　值得指出，在国家"九五"科技攻关重大项目的核心专题"西北地区水资源合理配置和承载能力研究"（96-912-01-04）中，根据西北地区水循环在强人类活动作用下的演变规律，中国水利水电科学研究院王浩教授的研究团队首次提出了内陆河流域的水资源二元演化模式（王浩等，2003）。之后经过"黄河流域水资源演变规律与二元演化模型"（G1999043602）、"黑河流域水资源调配管理信息系统研究"（2001BA610A-02）和"海河流域二元水循环模式与水资源演变机理"（2006CB403401）等项目的深入研究，逐渐形成了流域（区域）"自然－社会"二元水循环理论的科学框架。二元水循环理论框架的建立是水资源研究在理论上的重大创新和突破性进展，它认为强人类活动下流域（区域）水文过程不再是单一的"降雨—蒸发—径流—下渗—地下水运动"的循环路径，而增加了社会经济活动中"取水—用水—排水—回归"的人工水循环路径；天然状态下，流域（区域）水分在太阳辐射能、重力势能以及空隙媒介毛细作用等自然力的作用下不断运移转化，水循环的驱动力表现为"一元"的自然力，而在强人类活动作用下的现代流域（区域）背景下，人工作用的影响巨大，甚至有些地方超过了天然的作用力，从而影响了水循环的运移转化路径（秦大庸等，2010b）。

概括来说，二元水循环理论从人类活动对水文过程及水资源演变作用的机理出发，提出了描述人类活动影响下水文现象与水资源演变规律的关键指标，揭示了人类活动影响下水文过程的基本规律，为利用数学手段描述强人类活动下的水循环规律提供了可靠的方法论支撑。二元水循环理论框架提出后，围绕区域水资源管理和数学模型开发均做了大量的工作。王浩等（2007）基于二元水循环理论提出了水资源全口径层次化动态评价方法，该方法较好地描述了现代环境下流域水资源的二元演变特征，能满足不同类型经济建设和生态环境活动的需求，适用于水资源紧缺、人类活动频繁地区的水资源评价实践。王西琴等（2006）在二元水循环理论的指导下建立了河流生态需水的水量与水质综合评价方法，并以辽河流域为研究区进行了实证分析；2005年，贾仰文等在综合了分布式水文模型和陆面过程模型各自优点的基础上开发了模拟对象为"自然－社会"二元水循环系统的 WEP-L 模型，并在黄河流域进行了应用；2010年，贾仰文等针对高强度人类活动作用下的海河流域水循环的"自然－社会"二元特性，开发了新的流域二元水循环模型，该模型由三部分组成：分布式流域水循环模型（WEP）水资源合理配置模型（Rule-based Objected-oriented Water Resources Allocation Simulation Model，ROWAS）和多目标决策分析模型（Decision Analysis for Multi-objected System，DAMOS），模型实现了统筹考虑水资源、宏观经济与生态环境的综合管理功能，是研究强人类活动地区水文水资源问题的有力工具（贾仰文等，2010a，2010b）。

目前，"自然－社会"二元水循环理论框架在指导大尺度流域（区域）水资源模拟，有关水与能源耦合、水资源与土地资源匹配等涉水的重大问题以及流域（区域）的水资源可持续开发利用的决策方面发挥着重要作用。并且"自然－社会"二元水循环这一名词已经归入国际水文学专业词汇中，"自然－社会"二元水循环逐渐被学者和管理者所认可。但由于该理论体系在萌芽阶段，雏形具备但系统性和有关解析方法的完备性尚需进一步改善和提高，未来随着水文学及其他学科的发展，"自然－社会"二元水循环模拟将是我国水文学及水资源领域的一个重要研究方向。

## 1.2.3　水利工程影响干旱的作用分析

### 1.2.3.1　水利工程影响干旱的定性化分析

水利是农业的命脉，而完备的水利工程体系就是命脉得以畅通、保障农业生产、发挥其经济社会效应的关键，特别是在洪涝等水旱灾害来临之际。可以说，完善的水利工程体系是防旱抗旱最重要、也是最根本和最关键的工程措施。区域只有合理存蓄住水了，防旱和抗旱才有可能，非工程措施才能发挥其相应的作用，否则巧妇难为无米之炊。若区域水利工程有限或不足，遇到干旱，极易引发旱情并导致成灾。事实证明，水利工程在我国不同区域、不同时段的抗旱救灾中都发挥了重要作用（韦朝强，2004；杨敏和毕志国，2010；陈志恺，2011；王刚等，2014a）。同样的，水利工程在国外许多流域的旱灾防御上都发挥了重要作用，譬如尼罗河上阿斯旺高坝充裕的蓄水量就是缓解埃及 1979~1988 年严重干旱的重要保证（Abu-Zeid et al.，1990）。然而，20 世纪末由于我国农村水利特别是小型水利工程多年投入不足，严重欠账，使得现有的水利工程在抗击大面积、长时间干旱，特别是农业干旱上，不能发挥其正常效用。因此，在区域发生大旱之后，加强和完善水利工程建设往往被作为防旱抗旱的基本对策而提及。

2003 年广西桂中地区发生严重伏旱，韦朝强（2004）在肯定水利工程的作用外，也指出了现有工程的弊端，提出结合节水灌溉、发挥现有工程优势和兴建控制性骨干水利工程的建议。2006 年，辽西地区发生特大伏旱，张素芬等（2009）提出了加强水利工程建设和生态环境建设、编制抗旱工程规划、做好干旱灾害的监测、建立抗旱应急机制、适宜调整产业结构、推广节水灌溉技术并发展旱作节水农业等一系列抗旱减灾措施。2009 年，陕西发生春季百日大旱，李向国等（2009）指出，此次旱情暴露了陕西省农田水利设施在当时存在的不足、农田水利建设资金投入太少等问题，并提出建设一批骨干工程、改造一批老旧工程和配套一批灌溉工程的对策。

2009~2013 年我国西南地区连续 4 年发生干旱，特别是 2010 年春，西南地区云南、贵州、广西、四川及重庆五省区遭遇的百年特大干旱，此次干旱是自西南有气象资料以来遭受的最严重干旱，耕地受旱面积 773 亿 $hm^2$，其中作物受旱 605 亿 $hm^2$、重旱 190 亿 $hm^2$、干枯 101 亿 $hm^2$，待播耕地缺水缺墒 168.4 亿 $hm^2$；有 2425 万人、1584 万头大牲畜因旱饮水困难（中国天气网，2014）。干旱引发了政府和专家学者的思考，针对此次干旱的特点，在对策分析上，都纷纷提出了加快水利基础设施建设的意见和建议（马建华，2010；张家发等，2010；王树鹏等，2011）。此次干旱更引发了国务院及水利部对抗旱工作的高度重视。2011 年中央 1 号文件强调要突出加强农田水利等薄弱环节建设。水利部部长陈雷在《中国水利》和《求是》等重要刊物上发表一系列文章及讲话，强调要加快水利建设，特别是加强小型农田水利建设来增强城乡抗旱能力。

2012 年 7 月至今，由王浩院士领衔，中国工程院、中国科学院水文水资源、气象、农业工程及相关领域的 16 位院士共同参与了工程院重大咨询项目"我国旱涝事件集合应对战略研究"，大家一致认同：无论在国家层面的农业干旱应对战略上，还是在华北平原地区、汾渭平原、西南地区等干旱易发的重点区域的应对战略上，水利工程都是抗旱最关键和最根本的工程措施手段（王浩等，2014）。

除了上述旱灾应对的政策性文献外，在描述水利工程对防旱抗旱作用的科技文献里，大多数研究学者基于不同区域干旱特征，在对其成因或者旱灾影响分析的基础上，将加强水利工程建设作为一种措施或者意见、建议，在抗旱对策里提出；或者在分析区域干旱成因和旱灾影响分析时，将水利工程滞后或损坏作为一个影响因素来进行阐述，从侧面映射论证水利工程对抗旱的作用。

早在 1992 年，余优森研究员针对西部的干旱气候以及旱灾频繁的实际，提出了兴修水利工程、搞好农田基本建设以及做好水土保持、推行旱作技术的对策。在西部区域的研究上，白云岗等（2012）在分析新疆 1950~2000 年近 50 年间特大干旱频次以及干旱灾害各相关特征的基础上，指出水利工程滞后和水毁是其区域受旱的影响因素之一。

对于秦岭淮河以南区域，王劲草（2004）针对江淮分水岭丘陵地带易发干旱以及旱涝急转的特点，提出对该区域的塘坝等蓄水工程进行改进，改变蓄水方式、提高区域蓄水量的工程措施，来应对丘陵地区的农业干旱。尹树斌等（2005）就湖南省农业干旱灾害特征进行了分析，并对其成因进行了辨析，指出，要想从根本上缓解该省的农业干旱，必须做好水利工程的改、扩、建以及增大区域水资源的供给能力等 5 方面的有关工作。

甘小艳等（2011）分析论述了江西鄱阳湖 10 年前及近 10 年的干旱状况，指出除了降水和河湖关系改变外，现有水利工程设计调蓄能力不足，原有工程老化、供水能力下降等水利工程调节能力不足也是导致干旱发生的一个重要因素。同样以江西省鄱阳湖为研究区，叶许春等（2012）就湖泊控制流域的径流特征与水旱灾害的关系进行分析，得出水利工程建设对径流变化有辅助作用，从而引发水旱灾害；胡振鹏和林玉茹（2012）针对该区域洪旱等极端事件的频发性，提出加强治理病险水库、充分发挥其作用，充分挖掘现有工程潜力，加大新建水利工程力度等一系列措施。

对于西南地区，朱钟麟等（2006）在分析区域干旱特征并揭示其干旱规律的基础上，分析出西南地区干旱主要归因于降雨、水资源、水土流失以及水利工程这四大因素，并针对这些因素提出了相应的技术对策。中国地质科学院岩溶地质研究所的一些学者（唐建生等，2006；罗贵荣，2010 年），选择易发农业干旱的桂中岩溶区为研究区域，在分析区域致灾原因的基础上，针对性地提出了改造和完善水利工程、提高多水源时空调配能力等一系列工程措施和非工程措施。该所的覃小群（2005）则根据该水文地质特点分布的空间异质性，分区域因地制宜地建设不同的水利工程来综合应对岩溶区的干旱。于晨曦等（2013）以贵州省花江石漠化综合示范区的典型小流域为例，针对喀斯特峡谷区干旱灾害的相关信息，提出了建立管网状微型水利系统的工程保障措施，从而增加区域设施应对旱灾的预警调控能力。

针对华北平原浅层地下水位快速下降、农业土壤严重缺水的情况，就沧州区域干旱缺水问题，早在 20 世纪末，武之新和贾春堂（1999）就提出了雨季蓄沥、汛期引洪，整修联网水利工程和推广节水措施的意见与建议。李少华等在 2010 年，针对沧州干旱缺水等一系列水问题，再次提出了利用水库、坑塘、洼淀来拦蓄利用雨洪资源的建议。

总之，从流域整体而言，通过水利工程的调蓄作用，可以人工调节河道径流作用，大大提高洪水资源的开发利用程度，进而保证干旱期间流域的需水量；通过水库削峰补枯、以丰补歉的作用，可以缓解甚至能够合理地规避整个流域的干旱事件。特别对于库区上游地区，水库可以提高水资源的利用效率，增加上游区域应对干旱的水资源调蓄能力，有效缓解上游旱情的发生（Dai，2011）。但任何事物都有其两面性，水利工程对干旱的作用也不例外。若只有工程措施，水资源调配等非工程措施不能与之科学配套，容易引发上下游、左右岸的争水事件。

特别是对下游地区而言，若调配不当，极易对下游的水资源情势造成不良影响，增加下游地区发生干旱事件的概率。有关学者对欧洲塔古斯河流域的干旱特性分析结果表明，在阿尔坎塔拉大坝修建前，位于西班牙境内的坝址上游区的干旱期持续时间和强度均大于位于葡萄牙境内坝址下游区的相应值；但在大坝修建后，就这两个干旱表征指标而言，坝址下游区的干旱风险均高于上游区（López-Moreno et al.，2009；邢子强，2014）。因此，要想水利工程在整个流域发挥其最大效应，科学调度区（流）域水资源，合理配置上下游、左右岸的水资源，对于区（流）域整体的抗旱对策上，亦很关键（尹树斌，2005；唐建生，2006；万群志等，2014）。

### 1.2.3.2　水利工程影响干旱的定量化分析

由上述总结可知，目前国内分析水利工程对干旱的影响，定性描述的多，定量解析的少；从管理决策方面提出的多，在区域定量影响机理刻画和解析上涉及的少。自2011年以来，中国水利水电科学研究院严登华教高及其团队，在区域干旱形成机制和风险应对上进行了深入广泛的研究。该团队以"自然-社会"二元水循环为主线，基于水资源系统论的思想，就广义干旱的内涵进行了辨析，尝试构建干旱的定量化评价指标体系并定量识别水利工程等不同因素对干旱的驱动机制。上述理论和方法被应用于海河流域、淮河流域和黄河流域等多个流域进行了验证。其中，严登华等（2014a）基于上述理论和方法，对滦河流域干旱驱动机制进行了识别及定量化评价；刘少华（2014）以大清河流域为例，除考虑气象水文等自然因素外，还考虑了流域内水利工程布局与运行调度、社会经济发展、历史干旱情况等社会因素以及外调水工程等各项因素，进行了不同情景下流域干旱风险的模拟，针对流域干旱风险给出了相应的水资源配置方案。王刚等（2014b）考虑区域水利工程和经济发展需水状况，构建了干旱风险评价方法，并对海河漳卫河子流域的干旱风险进行了定量分析并进行了级别划分，结果表明邯郸东部平原区属于干旱的高脆弱区和高风险区。方宏阳（2014）对黄河流域的水文干旱演变成因及干旱演变规律进行了分析，得出21世纪以来，流域内水利工程建设的完善是流域受灾面积和成灾面积呈下降趋势的最大致因。王刚等（2015）就水利工程群在应对区域干旱能力的影响分析上，以漳卫河子流域为研究区进行了应用评价，结果显示，邯郸平原区当地的水利工程应对干旱能力不足，南水北调等外调水工程是解决水资源短缺的有效途径。

综合延展上述团队理论技术，严登华等（2014b）结合全球变化研究国家重大科学研究计划/国家重点基础研究发展计划（973计划）项目"气候变化对黄淮海地区水循环影响机理和水资源安全评估"（2010CB951102），在黄淮海地区旱灾演变规律的识别、灾害风险的评估与预估以及灾害风险应对等方面展开了广泛深入的研究。特别在华北地区应用时，能根据区域的基本情势和特点进行针对性的研究，取得了一系列丰硕成果：①从系统观点出发，结合引江、引黄等不同类型水资源配置单元在干旱情景下水平衡及供需特性，构建了基于广义水平衡演化的区域干旱事件评价的通用指标和方法；②在识别海河流域多时空尺度干旱灾害演变规律、明晰致灾因子以及各因子之间的驱动响应关系的基础上，结合数字信息处理，形成了流域多尺度灾害孕育机理识别技术；③以海河流域现状风险和防灾减灾能力为基础，考虑气候变化、河湖连通、经济产业布局、水利工程布局等要素，对流域进行了三重风险评估并提出了不同层次的风险应对方案。上述成果分别对区域抗旱规划的进一步优化、区域抗旱预警管理工作以及抗旱应急源调度方案的制定提供了重要指导和借鉴。

## 1.2.4　相关研究存在的问题

1）干旱定义和指标构建方面。目前，干旱并没有一个统一的、明确的定义。由于不同的部门和研究人员对于干旱有不同的理解和侧重，因此在构建干旱指标上也相应地有所倾向，干旱指标纷繁复杂，各种形式都有。由于农业干旱形成更为复杂，同样的，农业干旱的定义也没有明确，其指标种类也有多种多样。在各种农业干旱指标中，一方面，有些在构建时并没有从系统的角度去综合考虑，只是考虑到干旱发生涉及的某一个环节，或者只是旱象表征的某一方面；另一方面，在考虑土壤水为表征指标上，鲜有指标构建时考虑到不同土壤岩性在水量存储上的差异性。在"节水优先"的治水思路下，非充分灌溉将是未来灌溉方式的大势所趋。如何用尽可能少的水既保证作物生长需要，又能防止干旱的发生，在农业干旱指标构建上，土壤异质性的空间变化还需被考虑。

2）水循环模拟和二元水循环理论研究方面。现代水文学经过几十年的发展，建立了产汇流基础理论，水文模型也经历了从集总式概念模型到分布式物理模型的转变。但由于产流本身的复杂性和硬件条件的限制，天然情况下，华北等半干旱地区的产汇流机制尚不明晰。随着人类活动的不断增强，水循环的二元性日趋明显，华北等半干旱地区又是北方受人类活动扰动最强烈的区域，增加了区域水循环机制辨析的难度和区域水循环模拟的难度。尽管二元水循环理论在近十年快速发展，但其完备的理论体系尚待进一步完善。在模拟华北等半干旱区域的水文模型上，尽管有 MODCYCLE 模型和 WEP-L 模型并且在海河流域通过了模拟验证，但两模型仍处于研究和改进阶段。目前河北、山西、天津等省市在实际水文预报作业时仍采用的是经验预报，与南方湿润地区可以广泛使用新安江模型的情景大不相同。

农业干旱的发生与水循环有着密切的联系，自然水循环过程及人工取用水过程都会对区域干旱造成重大影响。针对华北等强人类活动半干旱区，需要进一步辨析区域极端条件下的水循环机理、机制，提高水循环模拟精度，为区域干旱预警预报奠定良好的理论基础。

3）水利工程影响干旱的定量化评价分析方面。就国内的相关研究而言，目前，国内分析水利工程对干旱的影响，定性描述的多，定量解析的少；从管理决策方面提出的多，在区域定量影响机理刻画和解析上涉及的少。随着人口和经济的发展，水资源供需矛盾日益突出，水利工程的调控对区域农田水循环的扰动愈加剧烈，对农业干旱的缓解作用愈加显著。在用水总量控制下，如何用最少的水来最大程度的减少农业干旱的损失，则需在解析区域水循环机理的基础上，在水利工程对干旱的定量化影响分析上，做进一步深入探究。

# 1.3　研究内容及技术路线

## 1.3.1　技术路线

本书基于区域农田水循环受到强人类活动扰动的事实和背景，以"自然－社会"二元水循环理论为指导，以解析强人类活动下农业水循环关键要素变化为理论需求，立足区域多类型水利工程下的干旱预警这一实际需求，就多水源调配下区域农业干旱的定量预估进行了研究。

在理论方法体系方面，本书对国内外有关干旱定义及其指标、水循环模拟、水利工程对干旱影响以及干旱预报预警研究进行梳理、归纳的基础上，考虑土壤空间异质性和作物发育期需水变化，构建了农业干旱指标 SM-AWC；并以适水发展为方针，设计改进了干旱情景下的区域灌溉制度。

在实际应用和案例分析上，选取河北省邯郸东部平原为研究区，利用分布式二元水循环模型 MODECYCLE，模拟了区域农田二元水分循环过程、剖析了区域农田二元水循环规律。在此基础上，基于改进后的灌溉制度，以 SM-AWC 为农业干旱指标，对多水源调配体系下的典型区域农业干旱进行定量预测，评价典型区域未来工程的实施效果。并针对邯郸东部平原的特点和发展规划，做出应对区域干旱的战略政策。具体研究的技术路线见图 1-3。

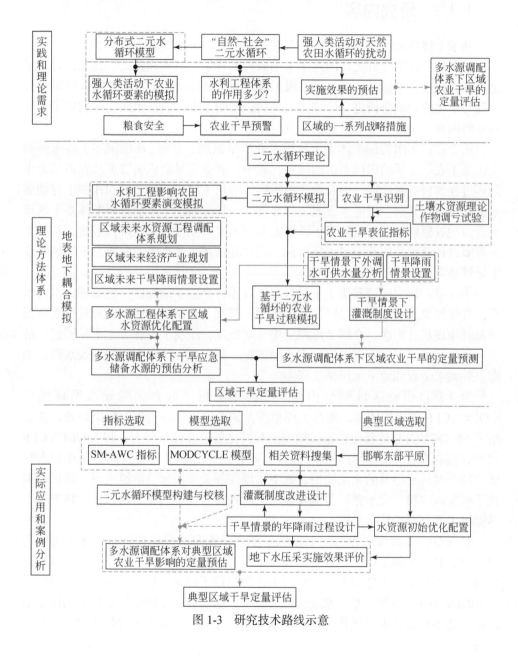

图 1-3　研究技术路线示意

## 1.3.2  研究内容

基于上述技术路线，本书共分为 8 章，每章内容的具体介绍如下。

第 1 章：绪论。首先，阐述了本书研究的背景、目的和意义。其次，对干旱定义和指标进行了梳理；对水循环模拟及二元水循环理论进行了总结；针对水利工程对干旱的影响分析进行了综述。最后，阐明了本书的技术路线，叙述了本书的主要内容，指出本书的主要创新点。

第 2 章：多水源调配体系下区域农业干旱识别。首先，详细阐述了多水源调配体系下农业干旱的识别和指标体系，其中，农业干旱的识别着重从农田二元水循环过程解析方面论述，而农业干旱指标着重从土壤空间异质性和作物生育期需水变化考虑；其次，以适水发展为指导方针，详细论述了多水源调配体系下区域水资源配置原则，并着重阐释了适水农业下的灌溉制度设计原则；最后，基于上述灌溉设计原则和农业干旱表征指标，构建并描述了多水源调配体系下区域农业干旱评估方法。

第 3 章：研究区域和历史干旱概况。首先，介绍了研究区自然地理、水文水系、气候气象、水文地质及经济发展概况；其次，介绍了区域水资源量及水资源开发利用现状；再次，介绍了邯郸历史干旱概况，绘制了邯郸历史干旱图谱；最后，详细阐述了邯郸东部平原的多水源调配工程构成，包括当地的地表水调蓄工程、外调水工程和地下水压采工程。

第 4 章：研究区域模型构建。先详细解析了分布式二元水循环模型 MODCYCLE 的架构体系，阐释了模型涉及的关键水循环过程的模拟原理，并总结了 MODCYCLE 较其他分布式模型的独特之处。在此基础上，将 MODCYCLE 模型在邯郸东部平原农田水循环进行构建并进行了水量平衡验证和循环要素验证，特别对研究涉及的土壤墒情、地下水埋深等关键要素分阶段进行了验证，提供了研究区农田二元水循环关键要素的变化过程，为下一步辨析定量预估农业干旱提供了强有力的技术支撑。

第 5 章：多水源工程调配下区域干旱应急水源的定量预估。首先在邯郸历史干旱资料分析的基础上，进行研究区干旱情景的设计；其次基于所述区域配置原则，对干旱情景下邯郸东部平原的水资源进行了科学配置；再次，利用验证后的 MODCYCLE 模型，基于水资源配置结果，对研究区不同干旱情景下的应急水源——地下水的蓄水量变化进行了定量预估，并从空间变化和时间变化上进行了分析。

　　第6章：多水源调配体系下区域农业干旱的定量评价。在所述灌溉设计原则的基础上，对研究区干旱情景下的灌溉制度进行了优化设计；基于此优化制度，采取构建的 SM-AWC 指标，利用验证后 MODCYCLE 模型对研究区在不同设定情景下的农业干旱进行了定量预测和评价，并就干旱在不同年份和行政县区的时空差异性进行了分析。

　　第7章：多水源调配下区域农业干旱应对策略。在总结指出研究区目前抗旱存在的工程问题和非工程问题的基础上，提出了基于节水型社会建设和最严格水资源管理制度的地下水储备战略。根据区域实际情况，制定布置了地下水战略储备单元。

　　第8章：结论与展望。总结本书研究的主要成果和创新点，并对研究过程的不足和缺点进行讨论，指出后续研究工作应该把握的方向和重点。

# |第 2 章| 多水源调配体系下区域农业干旱识别

降水不足是所有干旱发生的根本原因,任何类型干旱发生不仅与降水有关还都与水循环过程有着不同程度的联系。在人类活动日趋频繁的社会环境背景下,干旱的产生和旱情的演变又受到社会经济因素的影响,且日趋显著。因此,在干旱识别和评价时充分考虑自然和社会经济两方面因素,从自然因素方面,在设计降水条件下,基于土壤水资源理论,提出了考虑土壤异质性的 SM-AWC 指标;从社会因素方面,优化多水源工程布局,提出适水发展下的水资源供水原则和灌溉制度设计原则;综合自然、社会两方面因素,基于二元水循环理论,构建多水源调控体系下区域农业干旱识别方法,丰富干旱研究的相关理论。

## 2.1  充分考虑自然 - 社会因素的干旱识别

### 2.1.1  基于自然水循环的干旱识别

尽管研究干旱时,一般分为气象干旱、农业干旱、水文干旱和社会经济干旱几大类,但这些干旱之间并不是独立的一种现象,伴随着水循环过程,其相互之间存在着相互关联。一般,降水的不足导致气象干旱,若气象干旱持续均可以导致农业干旱、水文干旱和社会干旱的发生,在农业干旱和水文干旱发生时,往往还伴生有生态干旱;持续的农业干旱或水文干旱都会对区域社会经济生产造成影响,因而这两种干旱都有可能引发区域社会经济干旱。在自然界,包气带是地表水和土壤水交换频繁的地带,通过包气带水分的传输和蒸发,使得区域农业干旱也可能引发水文干旱;另外,农业干旱发生后,由于蒸散发量的改变而引起区域水汽通量的变化,进而对区域气象干旱的形成产生影响。不同干旱的关联关系如图 2-1 所示(闫桂霞,2009;蒋桂芹,2013)。

通过以上不同干旱关联度的分析，从区域水循环过程的角度考虑，干旱实际就是极端气象条件下水循环的伴生现象。基于此，在辨识干旱过程时，往往基于水循环过程来进行各种干旱的辨识。闫桂霞（2009）基于自然水循环过程辨析了自然气候变化对气象干旱、农业干旱以及水文干旱的影响，如图2-2所示。由图可知，自然气候变化引起降雨强度的改变和降雨时间的改变，从而引起区域降水的不足；同时气候变化导致温度升高、风场改变、日照时

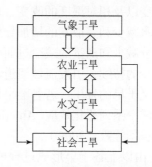

图 2-1　不同干旱之间的关联示意

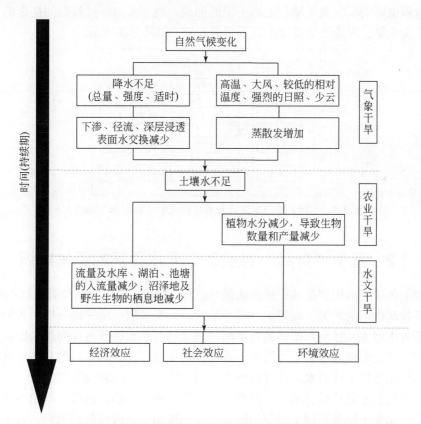

图 2-2　自然气候变化对干旱的影响（闫桂霞，2009）

数改变以及相对湿度的改变，从而引起蒸散发的增加，导致了气象干旱的产生。而降水减少和蒸散发的增加导致了区域土壤水的短缺，土壤水的持续短缺引起作物水分减少和产量的减少进而引发农业干旱。随着降水减少、蒸发增加以及土壤水减少的持续，引发流域河道流量的锐减以及湖泊、池塘蓄水量的减少，导致流域水文干旱的发生。若各类旱情持续，得不到缓解，则会对区域经济、社会和环境造成一系列恶化效应（American Meteorological Society，1997；耿鸿江和沈必成，1992；闫桂霞，2009）。

由以上各干旱形成过程可知，不同类型的干旱对应着不同水循环子过程，其中与气象干旱最密切的是大气水循环过程，与水文干旱最为密切的是地表水循环过程，土壤水循环过程直接影响的是农业干旱和生态干旱的形成；另外大气水循环过程也影响了农业干旱和生态干旱的形成，地下水循环过程则间接影响了区域的水文干旱、农业干旱以及生态干旱的形成，如图 2-3 所示。

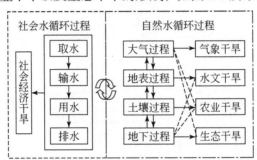

图 2-3　不同干旱与水循环要素过程关系（翁白莎，2012）

## 2.1.2　基于"自然－社会"二元水循环的干旱辨识

以上各干旱的识别是基于自然水循环过程，随着水利工程调控对流域（区域）水循环扰动作用的增强，在辨识各类干旱时，人类"取—用—耗—排"水的情况被逐渐考虑进去。社会水循环通过不断增强扰动自然水循环过程而逐渐影响了不同类型干旱的形成和发展。与气象、水文、农业这三种干旱不同的是，社会经济干旱与极端条件下社会水循环过程更为密切（图 2-3）（翁白莎，2012）。

考虑社会水循环后，基于"自然－社会"水循环的耦合过程，气象干旱、农业干旱、水文干旱等不同干旱驱动因素及作用机制重新被解析和识别，各干旱之间的关联关系也重新被辨析。在解析农业干旱的驱动因素和其机制时，除了考虑气候变化对土壤水分和作物水分状态的作用外，在人类活动方面，还应主要考虑直接耗水等水资源开发利用情况和城市化等土地利用变化对土壤水状态的改变以及种植结构和规模变化对作物水分不均衡影响这两大驱动过程；在解析水文干旱的驱动因素和其机制时，同样需考虑水资源开发利用情况和土地利用变化情况，与农业干旱的识别不同的是，辨析水文干旱的驱动因素时，更应侧重于人工侧"取（供）—用—耗—排"水对干旱的影响机制上（蒋桂芹，2013）。在对气象、水文和农业三种干旱驱动机制和作用机制的解析和识别的基础上，基于二元水循环过程，应重新解析三种干旱之间的关联关系并就二元水循环不同伴生过程下各干旱的形成过程进行识别（蒋桂芹，2013）。

另有研究者，基于二元水循环理论，从不同的角度出发对干旱进行了识别或评价。譬如从水资源系统论的角度出发，基于区域水资源的供需关系进行干旱的识别，如图2-4所示；或结合区域实际，考虑了水利工程调控对干旱的影响和作用（王刚等，2014b）。

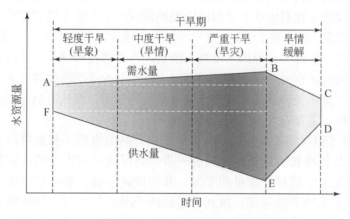

图2-4 广义干旱与水资源系统的关系辨识（翁白莎，2012）

## 2.1.3 充分考虑自然 – 社会双因素影响的农业干旱识别

天然水循环本身就是一个非常复杂的自然过程，当人类活动对其不断扰动时更增加了水循环的不确定性。随着人类活动干扰的不断增强，以人工取用水为主的社会水循环逐渐与自然水循环相互关联、相互作用和相互耦合，从而形成了"自然 – 社会"二元水循环。在我国水利工程逐渐增多的现实背景下，逐渐形成了农田灌溉水循环和城市水循环两个"自然 – 社会"二元水循环典型的单元，特别是南水北调工程通水后，形成了人工取用水完全管渠化的侧支循环过程（陆垂裕等，

2012；贾仰文等，2010a，2010b）。如上所述，干旱的形成与水循环的过程密不可分，因此在辨析各种干旱时，原有的单纯只考虑自然气象因素变化来进行各种干旱类型识别和判定的研究就具有了一定的局限性。特别在海河流域等强人类活动区域，社会水循环越来越占主导位置，因此，在辨识干旱过程时，除了考虑自然气象因素变化外，社会经济因素的变化应该被考虑。

基于"自然-社会"二元水循环理论，在原有自然因素变化对不同类型干旱的影响及识别过程的基础上（图2-2），进一步精细解析自然因素变化对各种干旱影响过程，并增加社会经济因素变化对不同干旱的影响判定，如图2-5所示。

由于本书涉及农业干旱，故重点考虑不同自然气象变化因素和社会经济因素影响下的农业干旱过程的识别。在借鉴前人有关农业干旱定义和理解的基础上，本书认为，农业干旱是在极端天气背景下的二元水循环过程中，土壤水不足引起作物水分减少而导致作物产量、数量减少的一种现象。因此在辨析不同因素变化对农业干旱影响以其形成过程识别时，重点考虑土壤水这一关键变量。在考虑各种自然气象因素变化对农业干旱形成影响识别时，重点从土壤岩性及空间结构分布的差异性出发，结合降水情况，进一步剖析了导致土壤水不足的主要影响因子：土壤底墒条件、坡降等地形因素以及入渗量；在考虑各种社会经济因素变化对农业干旱形成影响识别时，基于人工灌溉对土壤水的改变的重要性，主要考虑"可控水资源量"这一关键通量对改变土壤水数量的作用。而从影响可控水资源量的角度进行分析，主要有3个方面，具体如下。

1）水源工程群的构成和规模。由于库塘等各类水源工程是可控水资源量的载体，因此其规模和构成是保证和进一步提高区域可控水量的首要因素。工程群的构成决定了区域可控水量的来源，其构成越丰富、垂直空间涉及面越广，则区域可控水源种类就越多，越利于区域的干旱应急；而工程规模决定了区域可控水量的多少，单类工程的标准越高、数量越多，区域可控水量就越多，而各类工程水平空间分布覆盖越均匀，区域应对干旱的调控能力就越高。总体来说，水利工程群的构成和规模是影响可控水资源总量的关键因子，也是应对区域干旱的关键因素。

2）区域水资源的调配格局。随着城市化、能源开发等经济活动的加快，区域经济快速发展，人民生活得到了极大改善。工业成为区域GDP增长的大户，因此在极端干旱的情况下，优先保证的是生活用水，其次是工业用水，再次才是农业用水，在此调配格局下，用于农业的可控水资源量难以保障。即便是平水年，总量一定的前提下，水资源在不同产业、不同用水户的调配格局也会影响农业可控

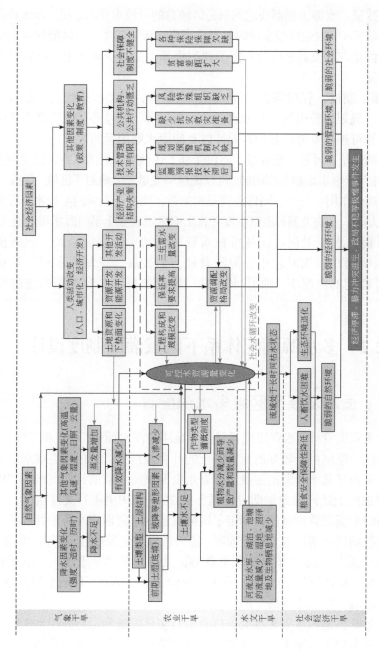

图 2-5 自然气象和社会经济因素对干旱影响的识别过程示意

水资源量的数量。水源工程群决定的只是区域总的可控水资源总量，而水资源的调配格局则是影响区域农业可控水量的关键。当极端天气发生，区域能快速制定其不同产业布局优化方案及其相应的水资源调配格局，是减少区域干旱特别是农业干旱的关键措施。

3）政策、制度、管理等非工程措施。在本书，非工程措施主要是指干旱监测预报技术、规划预警机制以及涉水的管理制度等。若这些措施管理不到位，将会直接影响到可控水资源控制的有效性以及使用水资源量的效率。

值得强调的是，可控水资源量，不仅受到上述社会因素的影响，也受到有效降水的影响，并与土壤水是相互作用的。可以说这一变量充分映射了区域"自然－社会"水循环二元耦合作用。另外，同样需要强调的是，当用于农业的可控水资源量一定或者变化不大时，作物类型和灌溉制度必将影响区域农业干旱的形成和发展。

尽管目前，水利工程对区域可控水资源量的影响程度最大，监测技术等非工程措施所起作用相对较小，但随着社会的发展，区域内水利工程布局及其规模相对稳定的情况下，在供水水量一定的前提下，非工程措施的作用将逐渐彰显。

## 2.2  多水源调配体系下区域灌溉制度设计

### 2.2.1  适水发展下区域多水源配置

传统的水资源管理，水资源配置是以满足用户需水而进行的，即"以需定供"原则，尽管这一原则可以较好地保证区域的社会经济生产，但也造成水资源利用效率低下，从而导致水资源的浪费。随着水资源供需矛盾的日趋突出，"以需定供"原则导致的上述问题愈加明显。国务院2011年中央1号文件指出，全国要实施最严格的水资源管理制度，划定了区域发展的水资源用水总量红线控制、用水效率红线控制以及纳污能力红线控制，使得区域水资源配置逐渐由"以需定供"转向"以供定需"。2014年，习近平总书记又提出了"节水优先、空间均衡、系统治理、两手发力"的治水思路，这十六字治水思路加速了区域水资源分配"以供定需"和区域"以水定发展"的进度。

本书立足北方地区水资源本底条件有限且多已实施和运行外调水工程的基本情势，以习总书记十六字水方针为指导，以"适水发展"为基本原则，以区域水资源总量及用水效率双红线为约束，搭建了北方平原区水资源配置的思路框架，

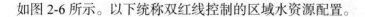

如图 2-6 所示。以下统称双红线控制的区域水资源配置。

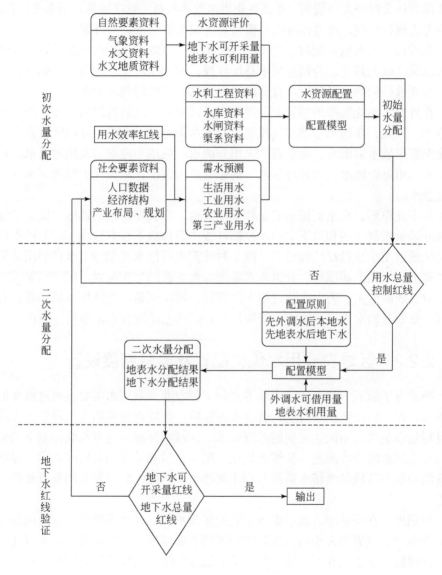

图 2-6 双红线控制下的区域水资源配置思路

具体来说,在对区域水资源本底条件客观评价和对水利工程布局及供水水源构成双规模详细分析的基础上,水资源红线控制下的水资源配置分两次进行。在初次水量分配时,基于地方管理部门执行政策的可操作性,仍采用"以需定供"

原则。基于以往各业用水需求数据分析的基础上，参考未来产业布局、规划和人口数据等社会经济发展资料，考虑各业用水效率红线，对区域各业用水进行预测，暂不考虑数量红线，通过传统配置模型对区域初始水量进行分配。

在进行二次水量分配时，基于"以供定需"原则，将初次分配结果首先经过用水总量红线的判定，若超过用水总量红线，则倒逼产业结构布局，调整有关规划，重新进行初始水量分配，直到满足用水总量红线的判定为止。

在外调水不能保障的情景下，地下水是区域大旱之后的最后保障，是大家的保命水。因此，在用水总量红线控制下，就水资源禀赋条件不好的区域而言，在优化配置区域水资源时，应本着"先用外调水、后用本地水，先用地表水、后用地下水，用足微咸水、用好再生水"的原则进行调配，从而保护好地下水这一干旱应急水源。

基于此原则，在水资源禀赋条件不好及地下水长期超采的地区，设置了地下水可开采量控制红线和地下水用水控制红线（简称地下水双红线）。上述水量分配结果通过用水总量红线验证后，基于对外调水可供水量和地下水可利用量分析的基础上，依照上述原则，分供水水源进行水资源的二次配置，配置结果需经过地下双红线的判定，若没有通过则再次返回，再次倒逼产业结构布局和调整有关规划，重新开始水资源配置的分析和计算，只到上述所有判定都通过为止。

## 2.2.2　区域农业用水优化配置及灌溉制度设计

在北方平原区，缺乏地表水库等水利工程农业灌溉用水主要是通过机井抽取地下水，在"以需定供"时期，若有水源保障，区域普遍采用大水漫灌的方式，并且尽量满足作物不同生长期的灌溉要求。区域水资源经过双红线控制下的配置后，农业用水将分水源进一步细化优化，用水总量和效率均有红线要求，显然原有灌溉制度与区域最严格水资源管理体制严重不匹配，需对原来的灌溉制度进行改进。

特别地，在特枯年，通过重新配置的灌溉水量，即是区域用于农业的基本可控水资源量，该值的大小将直接影响到区域农业缓解干旱的情势。本书以此水量为控制阈值，基于此开展区域干旱情景下的灌溉制度设计和种植结构调整。

在灌溉制度设计时，以非充分灌溉为指导（陈亚新和康绍忠，1995；山仑等，2004），通过作物调亏试验（孙景生等，1998）来设定区域不同作物关键生长期的灌溉定额和灌溉次数。当遇到干旱年，要遵循自然规律，对作物产量要有"以丰补歉"的思想，要舍弃以前无论来水丰枯，保证丰产丰收的错误思想和路线，否则其结果必然是地下水生态环境的不断恶化以及干旱应急水的枯竭，一旦出现特大干旱，不仅农业生产难以保障，还易出现人畜饮水困难，后果不堪设想。在区域遇到严重干旱年份时，即便在当前科技水平下，也要接受作物大幅减产不可避免的事实（山仑，2011），遏制牺牲生态用水的态势。在对区域粮食产量计量和考核时，应和水资源量评价一样，以平水年产量为基本参考，以整个丰枯周期来进行计量考核，考虑整个周期"以丰补歉"的情况，而不是以某一单一年份来进行考核。若区域水资源本底条件极为不好，则在实施高效节水的基础上，应多考虑非常规水源（山仑，2011）。

基于非充分灌溉和"以丰补歉"的指导思想，在农业用水总量红线控制和用水效率红线控制下，通过调整种植结构和选择耐旱作物品种以及减少灌溉次数和定额，本书设计了新的灌溉制度，尝试形成区域灌溉农业和半旱地农业共存的农业用水新格局（山仑，2011），为区域的适水农业发展提供有力的技术支撑。

上述灌溉制度设计的思路框架如图2-7所示。该框架构建与图2-6双红线控制下的水资源配置思路相似，强调对北方地区地下水水源的保护，增加了农业地下用水总量控制红线。具体的，在双红线控制下区域水资源配置基础上，厘清区域农业用水效率红线、农业用水总量红线及农业用水地下水总量红线，并以此三

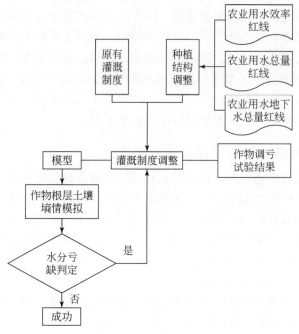

图2-7　农业用水红线控制下的区域灌溉制度设计框架

条红线作为约束条件，倒逼种植结构调整，修正原有灌溉制度；本灌溉制度并非毫无底线的节约用水，在制度调整后，需通过物理模型对作物关键生长期内的根层土壤墒情进行模拟判定，若水分亏缺则需进一步调整，直至既能满足约束条件又能通过水分亏缺判定为止。上述农业用水红线控制下的区域灌溉制度设计既能让每方水用在农作物关键时期，使干旱来临时，农业损失达到最少；又能在非干旱时期尽可能少的使用地下水，保证了干旱应急水的存蓄和涵养。另外需要说明的是，在此书中，水分亏缺判定是基于不同作物调亏试验后的水分判定阈值，而不是常规的阈值。

# 2.3  多水源调配体系下区域农业干旱识别

## 2.3.1  考虑土壤异质性的农业干旱评估理论

土壤水是流域水循环过程中一种重要赋存形式，是调节和分配流域地表、地下水量的关键变量，是影响流域实际蒸散发的主要因素。除此之外，土壤水还是气候系统中的一个关键变量，控制着众多地球物理过程和反馈循环回路。对于农业及生态系统来说，土壤水尤为重要，因为一切形式的水都要转变成土壤水才能被农作物或其他地表植被所吸收，其时空分布、数量无不影响着农作物的产量以及生态系统的功能（高学睿，2013；杨贵羽，2014；刘家宏等，2015）。本书在在2.1.2节阐述的农业干旱概念以及考虑不同因素影响的干旱过程识别的基础上，基于土壤水在农业干旱形成过程中的重要性，基于二元水循环过程，重点考虑区域土壤水的相关描述、表征来识别和评价农业干旱。

### 2.3.1.1  农田土壤水资源的基本理论

随着水资源战略地位的不断提升，其范畴和概念愈加广义化。许多学者认为在水资源供需矛盾突出的地区，土壤水由于其在一定时空尺度内具有相对稳定性且能够被农作物或其他地表植被所直接利用而具备了一定的资源属性；特别是在资源性缺水地区，越来越多的研究人员和水资源管理者逐渐认识到土壤水因子和土壤水过程调控在区域水资源管理和优化配置中起到的巨大影响作用（高学睿，2013；杨贵羽，2014；刘家宏等，2015）。

而就农田灌溉系统而言，区域非饱和土壤水的禀赋条件更为关键。通常情况下，大家习惯以土壤湿度来表征土壤中含水量特别是非饱和土壤水含水量的多少，其常见的表征方法有质量含水率、体积含水率以及土壤饱和度这三种，本书选取土壤体积含水率为基本变量进行农业干旱的表征。

土壤水有吸湿水、薄膜水、分子水、毛管水和重力水等不同的类型，这些水在土壤缝隙、孔隙等不同存贮空间中，因受力形式的不同以及其水分含量的不同而被分类。这些不同形态的土壤水在特定条件下，其土壤含水量（或者土壤湿度）将保持为相对稳定态，被称之为土壤水分常数，其具体类型、定义及有关阐述详见表2-1。在这些土壤水分常数中，特别指出，对表征农业干旱和设置灌溉制度密切相关的有凋萎系数、毛管断裂含水量以及田间持水量，本书将基于凋萎系数和田间持水量构建农业干旱指标。

如上所述，尽管土壤水有多种赋存形式，但并不是所有形态的土壤水都能被植被所吸收，由于土壤水的资源性是能否以农作物或其他地表植被所直接利用而判定，根据这一概念以及表2-1土壤水分常数的有关说明可知，土壤含水率介于作物凋萎系数以及田间持水量之间的土壤水具备资源属性。这一部分水被作物利用的效用如何，在识别农业干旱时应重点考虑。在对这部分土壤水的效用评价研究上，部分学者（郭凤台，1996；孟春红和夏军，2004；王健，2008）认为土壤作为赋存水的载体与水库功能相似，而土壤水随着作物生长变化而减少的过程与水库蓄量变化相似，因此，提出了土壤水库的概念。当区域土壤有灌溉水或者降雨等供给水源且具有一定的存贮空间时，就具备了土壤水库的条件。本书受到土壤水库中有效库容等概念的启发，来构建干旱指标。由于本书研究的是农业干旱，主要涉及农田作物根系部分，因此本书认为地表以下0~1.5m的根系活动层是区域农田土壤水库的构成。

表2-1　不同的土壤水分常数定义

| 序号 | 名称 | 定义 | 说明 |
|------|------|------|------|
| 1 | 吸湿系数 | 当空气中的水汽达到饱和时，干燥土壤的吸湿水达到最大数量时的土壤含水量称为最大吸湿量，亦称之为吸湿系数 | 吸湿系数是土壤颗粒强分子力作用下所固持的土壤水分的最大量，由于土壤颗粒与水分子之间的吸引力很强，该部分水不能被植物根系所吸收，被认为是无效水 |
| 2 | 凋萎系数 | 当土壤含水量下降到一定程度时，作物根系由于无法吸水而产生永久凋萎，此时的土壤含水量称之为凋萎系数 | 凋萎系数是一个重要的土壤水分常数，它是作物承受干旱的下限，对表征农业干旱具有十分重要的意义 |

| 序号 | 名称 | 定义 | 说明 |
|---|---|---|---|
| 3 | 最大分子持水量 | 膜状水和吸湿水达到最大量时的土壤含水率称为最大分子持水量 | 膜状水和吸湿水都是由土壤颗粒的分子力而固持在土壤孔隙中,由于膜状水受到的分子力远远小于吸湿水,因此一部分的膜状水可以被植物根系吸收 |
| 4 | 毛管断裂含水量 | 当土壤中的悬着毛管水减少到一定程度时,其连续程度会遭到破坏而断裂,从而停止悬着毛管水的运动,此时的土壤含水率称为毛管断裂含水量 | 毛管断裂含水量对作物的生长具有十分重要的意义,它可以作为人工灌水的下限 |
| 5 | 田间持水量 | 从数量上来讲,田间持水量是指土壤中悬着毛管水达到最大量时的土壤含水量,它包括全部的吸湿水、膜状水和悬着毛管水 | 田间持水量是土壤在不受地下水影响的情况下所能保持水分的最大数量,当土壤含水量超过田间持水量时,由于受到重力的作用水分将向下运动不能固持在土壤孔隙中,因此,田间持水量被认为是田间土壤水有效利用的上限,也是田间灌水量的确定依据 |
| 6 | 土壤全持水量 | 当土壤中的毛管孔隙都充满水分时土壤的含水率称之为土壤全持水量 | 土壤全持水量在数量上等于土壤的孔隙度,是衡量土壤水分饱和状态的一个重要标准 |

普通地表水库与土壤水库有关库容、水位等特征参数的对比示意图如图2-8所示:在此,$\theta_{wp}$ 表示凋萎含水率,由于土壤含水量低于 $\theta_{wp}$ 的部分难以被作物利用,故将 $\theta_{wp}$ 作为土壤水库的死水位,该值以下的土壤蓄水量即为死库容;$\theta_F$ 表示田间持水率,是最大毛管悬着水与重力水的临界值,也是大多数植物可利用的土壤水上限,因此作为土壤水库的正常高水位,$\theta_{wp}$ 和 $\theta_F$ 之间的土壤蓄水量即为兴利库容;$\theta_g$ 表示土壤饱和含水率,$\theta_g$ 和 $\theta_F$ 之间的土壤蓄水量只能短时间蓄存

于土壤中，最终经入渗补给地下水或蒸发消耗掉，部分库容只起滞蓄作用，称为滞洪库容。土壤水库各项库容的大小与土壤质地、结构和调控深度相关，其有关概念如表 2-2 所示。可知，有效库容 $W_p$ 是影响作物生长的关键特征库容。

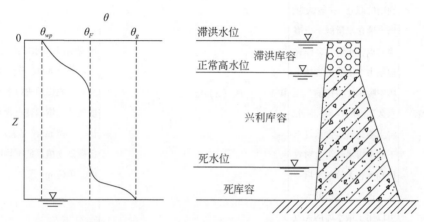

图 2-8　普通地表水库与土壤水库结构对比示意（郭凤台，1996；高学睿，2013）

表 2-2　土壤水库不同特征库容定义、公式及说明

| 分类 | 定义 | 公式 | 说明 |
|---|---|---|---|
| 总库容 | 农田土壤水库的总库容是指农田土壤根系层土壤可以蓄存的土壤水最大量，由于超过田间持水率的水量虽然也属于土壤水的一部分，但是由于其受到重力作用很快垂直下渗排干，对作物的有效性不高，因此不将其作为土壤水库的库容组成部分 | $$TW = \int_0^d FC(z)\,dz$$ | TW 表示土壤水库的总库容，单位 mm；FC（$z$）表示在农田地表以下 $z$ 深度处的土壤田间持水率；$d$ 表示农田根系土壤层的平均厚度，单位 m |

| 分类 | 定义 | 公式 | 说明 |
|---|---|---|---|
| 无效库容 | 指土壤水中不能被作物利用的部分。一般认为，当土壤含水量低于土壤凋萎点含水量时，作物根系由于不能继续从土壤中吸水使得作物产生永久凋萎的现象。因此，将土壤凋萎点含水量以下的土壤水认为是对农作物生长无效的土壤水，这部分水量的大小可以用土壤水库的无效库容刻画 | $W_n = \int_0^d \theta_{wp}(z)\,\mathrm{d}z$ | $W_n$表示土壤水库的无效库容，单位mm；$\theta_{wp}(z)$表示在农田地表以下$z$深度处的土壤凋萎点含水量，单位mm；$d$表示农田根系土壤层的平均厚度，单位m |
| 有效库容 | 土壤水库中最大可以被作物利用的水量的多少，也是评价土壤水系统的调节能力的定量指标 | $W_p = \int_0^d \left[ \mathrm{FC}(z) - \theta_{wp}(z) \right]\mathrm{d}z$ | $W_p$表示土壤水库的有效库容大小，单位mm；$\mathrm{FC}(z)$表示在农田地表以下$z$深度处的土壤田间持水率；$\theta_{wp}(z)$表示在农田地表以下$z$深度处的土壤凋萎点含水量，单位mm；$d$表示农田根系土壤层的平均厚度，单位m |
| 空库容 | 土壤水库运行中，有效库容与实际库容之差，土壤水库空库容越小说明土壤水库实际储水量越大，作物供水条件越好 | $W_v = W_p - \int_0^d \left[ \theta(z) - \theta_{wp}(z) \right]\mathrm{d}z$ | $W_v$表示土壤水库的空库容大小，单位mm；$\theta(z)$表示在农田地表以下$z$深度处的土壤实际含水率；其余符号的意义参考前式 |

### 2.3.1.2 作物调亏试验

作物作为生物体的一种，对体内水分减少有一定的自我调节和自适应能力，因此，作物体内一定范围内的水分亏缺并不能对作物正常生长造成不利影响，只有当水分持续亏缺超出一定范围使作物正常的机能被干扰时，产生作物水分胁迫，此时对作物发育不利。因此作物调亏试验是研究不同作物特性、实施非充分灌溉或节水灌溉以及判定农业干旱的重要试验。

由于本次研究没有做作物的调亏试验，在此主要汇总他人的试验成果进行分析和应用。

一般作物调亏试验需要设定不同的水分胁迫水平，在指标选取上，一般选择土壤相对含水率为变量进行，其公式如下。

$$\theta_R = \frac{\theta}{FC} \times 100\% \qquad (2-1)$$

式中，$\theta_R$ 表示土壤相对含水率，以百分比表示；$\theta$ 是试验分析时段内某一土层深度的平均含水率；FC 表示土壤田间持水率。

在不同的试验条件下，划分标准稍有不同。如孟兆江等（2004）认为，一般情况下作物土壤相对含水量为 60% 时为轻旱，当降到 50% 时为重旱，当达到 80% 时为适宜水分。张寄阳等（2005）在棉花水分亏缺程度诊断试验中，土壤含水率控制下限分别取田间持水量的 80%、70%、60% 和 50%。孙景生等（1998）在冬小麦节水灌溉试验中，拔节期、抽穗—开花期和灌浆—成熟期各设 5 个水平的水分处理，即 1 m 土体土壤水分控制下限分别为田间持水量的 80%、70%、60%、50% 和 40%。张业黎等（2008）在棉花亏缺灌溉试验中土壤水分处理设置为：基本对照，70%~75% 田间持水量；轻度水分亏缺，55%~60% 田间持水量；中度水分亏缺，40%~45% 田间持水量。阳园燕等（2006）在土壤水分亏缺条件下根源信号 ABA 参与作物气孔调控的数值模拟的研究中，充分灌水和非充分灌水的界限设为 50% 田间持水量。梁哲军等（2008）在玉米亏缺灌溉中，土壤水分处理为：水分良好，75%±5% 田间持水量；轻度亏缺，55%±5% 田间持水量；重度亏缺，45%±5% 田间持水量。

基于上述作物调亏水平的设置，通过试验，可以得出不同作物不同生长期的土壤含水率下限，以此可以作为农业干旱发生的判定依据。张英普等（2001）在中壤土上的玉米亏缺灌溉试验结果表明，土壤含水率下限：苗期为 60%、拔节抽穗期为 70%、灌浆期为 70%~75%、成熟期 65%。张书函等（2002）在日光温室内壤土上的樱桃西红柿滴灌试验结果表明，土壤含水率为：秧苗期，65%~75%

田间持水量较好；开花着果期，70%~85% 田间持水量较好；结果期，80%~95% 田间持水量为好。朱成立等（2003）在壤土上对冬小麦的水分胁迫效应试验研究中，提出各个生育期相应的水分胁迫指标（占田间持水量）分别为苗期 60%、返青期 60%、拔节—抽穗期 65%、抽穗—灌浆期 65%、灌浆—成熟期 55%。汤广民（2001）在马肝土上对水稻旱作需水规律的试验中，提出主要生育阶段的土壤水分调控指标分别为：分蘖前期，70%~80%；分蘖后期，55%~65%；拔节孕穗期，大于 80%；抽穗乳熟期，70%~80%。

然而由于土壤岩性的差异性，使得其有效水分相对含量值的差异性较大，若设置同样的对比标准，严格来说并没有可比性。柴红敏等（2009）在作物调亏试验中，考虑到不同土壤质地下的凋萎系数不同以及上述差异性，提出了相对胁迫水平（$D_w$）的指标，并以此来设置土壤水平胁迫水平，其中 $D_w$ 由如下公式求得（柴红敏等，2009），变量含义同前。

$$D_w = \frac{\text{FC} - \theta}{\text{FC} - \theta_{wp}} \times 100\% \qquad (2\text{-}2)$$

### 2.3.1.3　考虑土壤异质性的农业干旱表征指标

由 1.2.1.3 节中农业干旱评价指标的相关解释及国内外应用情况可知，不同类型的指标各有其局限性。标准化降水指数（SPI）尽管应用较多，可以反映不同时间尺度的降水异常，却忽略了土壤水分平衡和作物生理这两大农业干旱监测的重要因素。水分亏缺指数（黄晚华等，2009）需要特定的作物系数参数，而且这种参数难以获取，限制了该指数在业务中的应用。帕尔默干旱强度指数虽然引入了水分平衡概念，但是没有考虑到作物生理因素。同样，基于土壤水的农业干旱指标，也鲜有考虑到作物因素。农业干旱是由于土壤供水量与作物需水量不平衡造成的作物体内水分亏缺，这不仅取决于土壤的供水能力，还取决于作物的生理特征（杨绍锷等，2010）。鉴于此，本书在构建农业干旱表征指标时，考虑土壤岩性分布的空间差异性，以便更加准确地核算区域土壤的供水能力；在干旱等级的阈值设定方面，以水分调亏试验结果来划定，从而兼顾作物的生物特征，具体如下。

#### 1. 干旱指标构建

如 2.1.2 节在剖析影响土壤水的有哪些因子时所考虑的那样，土壤岩性及其空间分布不同，则其区域土壤水的赋存大小和传输的能力就会不同。表 2-3 列出了北方平原区各类土壤水分常数及土壤有效水分含量的变化范围（柴红敏等，2009），由此可见，不同土壤质地各指标的差异性，譬如：黏土的田间持续率最高为40%，而砂土只有5%，其次不同质地的土壤有效含水率的变化范围以及相对含水率的变化范围具有较大的差异性。

**表2-3　各土壤水分常数及土壤有效水分含量变化范围**　　　　　（单位：%）

| 土壤类型 | 质量含水率 | | $\theta_{wp}/\theta_f$ | 土壤有效水分含水率的变化范围 | 土壤有效水分相对含水率的变化范围 |
|---|---|---|---|---|---|
| | 田间持水率 $(\theta_f)$ | 凋萎系数 $(\theta_{wp})$ | | | |
| 砂土 | 5 | 2 | 40 | 2~5 | 40~100 |
| 壤砂土 | 8 | 4 | 50 | 4~8 | 50~100 |
| 砂壤土 | 14 | 5 | 36 | 5~14 | 36~100 |
| 壤土 | 18 | 8 | 44 | 8~18 | 44~100 |
| 黏壤土 | 30 | 22 | 73 | 22~30 | 73~100 |
| 黏土 | 40 | 30 | 75 | 30~40 | 75~100 |

从土壤水库的概念理解出发，有效水分相对含量即是土壤水库总库容的百分比而没有去掉土壤空库容的影响，由于不同岩性对应的土壤空库容差异较大，上述调亏试验中若以此物理量来进行胁迫水平的设置，其客观性有所缺失。进而若以此来判定农业干旱的发生，可能存在与实际不符的情况。鉴于此，基于土壤库容的概念和构建 $D_w$ 的理念，本书以有效库容 $W_p$ 的百分比作为变量构建了区域农业干旱指标——SM-AWC（soil moisture based on available water capacity）干旱指标，公式如下。

$$SM\text{-}AWC = \frac{\theta - \theta_{wp}}{FC - \theta_{wp}} \times 100\% \tag{2-3}$$

其中 $\theta_{wp}$ 由如下公式算出，$m_c \times \rho_b$ 是反映土壤岩性的参数，

$$\theta_{wp} = 0.40 \times \frac{m_c \times \rho_b}{100} \tag{2-4}$$

式（2-3）是从定义SM-AWC的角度给出，实际计算中，由于土壤岩性在不同深度分布不同，因此应该区别对待，参考表2-3，给出通用的公式为

$$SM\text{-}AWC = \frac{\int_0^d \left[ \theta(z) - \theta_{wp}(z) \right] dz}{\int_0^d \left[ FC(z) - \theta_{wp}(z) \right] dz} \times 100\% \tag{2-5}$$

**2. 干旱指标等级划分**

通过比对公式（2-2）和公式（2-4）可知，相对胁迫水平（$D_w$）和SM-AWC 指标都考虑了凋萎系数的影响，且 $D_w$ 和 SM-AWC 两者相加即为100%，若以相对胁迫水平（$D_w$）为指标进行胁迫水平设置时，与100%的被减数（以百分比表示）即 SM-AWC 值。基于此，本书以 $D_w$ 为指标的调亏试验不同胁迫水平设置作为干旱指标等级的划分依据。若不考虑非充分灌溉，以产生轻度胁迫作为干旱发生的判定。

基于以往科研人员得到的有关作物调亏试验结果，根据相应的换算办法，可得冬小麦、玉米、水稻及果蔬等不同种类作物不同生长期轻度胁迫下相应的 $D_w$ 值，通过换算即可得相应的 SM-AWC 值，亦即得到判定充分灌溉时发生干旱的阈值，具体换算过程见表 2-4~ 表 2-7（柴洪敏等，2009；朱成立等，2003；张英普等，2001；汤广民，2001；张寄阳等，2005）。

**表 2-4　冬小麦不同生长期的干旱判定**　　　　　（单位：%）

| 不同生长期 | $\theta_R$ | $D_w$ | SM-AWC |
|---|---|---|---|
| 苗期 | 60 | 59 | 41 |
| 返青期 | 60 | 59 | 41 |
| 拔节—抽穗期 | 65 | 52 | 48 |
| 抽穗—灌浆期 | 65 | 52 | 48 |
| 灌浆—成熟期 | 55 | 67 | 33 |

**表 2-5　夏玉米不同生长期的干旱判定**　　　　　（单位：%）

| 不同生长期 | $\theta_R$ | $D_w$ | SM-AWC |
|---|---|---|---|
| 苗期 | 60 | 61 | 39 |
| 拔节—抽穗期 | 70 | 46 | 54 |
| 灌浆期 | 70~75 | 46~38 | 54~62 |
| 成熟期 | 65 | 54 | 46 |

**表 2-6　水稻不同生长期的干旱判定**　　　　　（单位：%）

| 不同生长期 | $\theta_R$ | $D_w$ | SM-AWC |
|---|---|---|---|
| 分蘖前期 | 70~80 | 42~28 | 58~72 |
| 分蘖后期 | 55~65 | 63~49 | 37~51 |
| 拔节—孕穗期 | >80 | <28 | >72 |
| 抽穗乳熟期 | 70~80 | 42~28 | 58~72 |

表 2-7 樱桃西红柿不同生长期的干旱判定 （单位：%）

| 不同生长期 | $\theta_R$ | $D_w$ | SM-AWC |
|---|---|---|---|
| 幼苗期 | 65~75 | 53~38 | 47~62 |
| 开花着果期 | 70~85 | 46~23 | 54~77 |
| 结果期 | 80~95 | 30~15 | 70~85 |

上述 SM-AWC 值只是充分灌溉条件下，依据不同作物不同生长期轻度胁迫条件下的调亏试验得到的干旱判定的阈值，其他干旱等级判定阈值则根据不同的胁迫条件来进行换算。依据上述适水农业和非充分灌溉的原则，考虑到作物不同生长期对作物产量影响的差异性，在划分干旱等级时分别给予对待：在作物生长关键期，以轻度胁迫为干旱发生的判定初值，而在非关键生长期，以中度胁迫水平为干旱发生的判定初值。不同胁迫条件和干旱等级的对应关系见表 2-8 所示。

表 2-8 水分胁迫条件和干旱等级对照表

| 关键生长期 | | 非关键生长期 | |
|---|---|---|---|
| 水分胁迫水平 | 干旱等级 | 水分胁迫水平 | 干旱等级 |
| 适宜 | 无旱 | 适宜 | 无旱 |
| 轻度水分亏缺 | 轻旱 | 轻度水分亏缺 | 无旱 |
| 中度水分亏缺 | 中旱 | 中度水分亏缺 | 轻旱 |
| 重度水分亏缺 | 重旱 | 重度水分亏缺 | 中旱 |
| 水分极度亏缺 | 特大干旱 | 水分极度亏缺 | 重旱 |

由于本书主要研究冬小麦的旱情判定，在此针对冬小麦的关键生长期——拔节—抽穗—灌浆期进行不同干旱等级的划分，根据表 2-3、表 2-4，并结合有关学者的实验研究结果（孙景生等，1998；峰峰农业气候资源考察组，1985），计算得出冬小麦同胁迫水平下相应的 $D_w$ 值，从而可以反推出相应的干旱等级值如表 2-9 所示。

表 2-9 冬小麦拔节—抽穗—灌浆期基于 SM-AWC 的干旱等级划分

| 干旱等级 | SM-AWC | 依据 | 参考文献 |
|---|---|---|---|
| 轻旱 | [38%，48%) | 调亏试验和公式转换（48% 阈值直接引用） | 朱成立等，2003；柴红敏等，2009 |
| 中旱 | [30%，38%) | 文献参考和公式推算 | 峰峰农业气候资源考察组，1985；郭秀林和李广敏，2002；孙景生等，1998；李晋生，2002 |
| 重旱 | [20%，30%) | 文献参考和公式推算 | |
| 特大干旱 | <20% | 调亏试验和公式转换（20% 阈值直接引用） | 柴红敏等，2009 |

为更易理解，以轻旱及重旱判定阈值为例，将基于体积含水率的 SM-AWC 指标连同总体积、总孔隙、田间持水率以及凋萎含水率等指标一并进行结构解析，如图 2-9 所示。由 2.3.1.1 节有关土壤水库的相关理论可知，作物可用水所占孔隙，也就是作物可用数量（available water capacity，AWC）即为土壤水库的有效库容。以区域土壤水有效库容的 48% 作为冬小麦发生干旱阈值，当土壤含水率低于该阈值时，表明区域发生干旱；而当阈值低于该库容的 30% 时，则发生中旱。

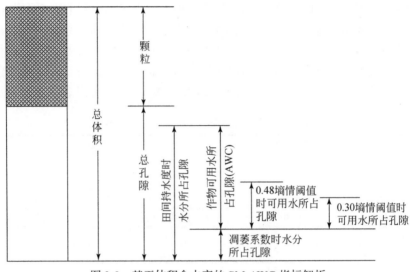

图 2-9　基于体积含水率的 SM-AWC 指标解析

## 2.3.2　多水源调配体系下区域农业干旱识别理论

综上，基于考虑社会因素的农业干旱识别、适水发展下区域水资源配置和灌溉制度设计以及考虑土壤异质性的农业干旱指标构建这三大块思路与方法构成了多水源调配体系下区域农业干旱识别理论方法，如图 2-10 所示。其中，考虑土壤异质性的农业干旱指标的选取和构建是客观评价区域干旱的首要前提；"自然－社会"二元水循环模拟是识别区域干旱过程的重要技术手段；而农田水循环通量的精确解析则是二元水循环准确模拟的保证。

具体地，依据土壤水资源有关理论，对土壤水库结构进行逐层解析，考虑区域土壤的空间异质性分布，借鉴有效水容量的概念，提出 SM-AWC 指标用以表征农业干旱。进而，基于不同作物水分调亏试验结果，进行不同干旱等级的阈值划分，形成基于 SM-AWC 的农业干旱指标体系。

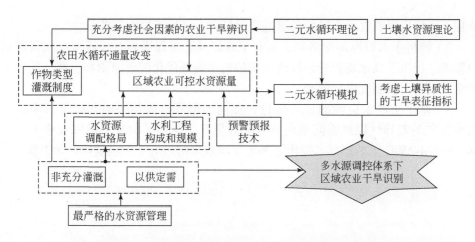

图 2-10 多水源调配体系下区域农业干旱识别理论方法

基于"自然-社会"二元水循环理论,在农业干旱辨识上需充分考虑到灌区(特别是井灌区)的取、用水等社会因素对区域农田水循环通量的改变。因为,农田水循环通量的改变将直接引起农田土壤含水量的变化,亦即直接影响区域农业干旱是否发生及其干旱程度。而综合比较相关的社会因素后,本书认为,作物类型及其灌溉制度、区域农业可控水资源量是控制区域农田水循环通量的关键:其中作物类型及其灌溉制度控制着其耗用量(即出口控制),而区域农业可控水资源量则控制着其供蓄量(即入口控制)。因此,考虑社会因素的农业干旱辨识过程也就是"自然-社会"农田水循环下辨析区域农业可控水资源量这一关键控制变量的过程以及种植结构不断调整及其灌溉制度不断优化的过程。因此在实施层面,应立足最严格水资源管理的现实背景和需求,实施"以供定需",开展非充分灌溉,进而优化调整作物种植结构及其灌溉制度;进一步地,结合区域水利工程构成和规模等工情,优化区域水资源调配格局,科学核算区域农业可控水资源量。

鉴于作物类型及其灌溉制度、区域农业可控水资源量对控制区域农田水循环通量的重要性,将分布式二元水循环模型(本书采用 MODCYCLE 模型)中的相关参数根据其优化结果和科学核算值进行修订,以提高区域二元水循环模拟的精度和适用性。基于区域二元水循环模拟结果,采用 SM-AWC 农业干旱指标体系即可实现多水源调控体系下区域的农业干旱识别。

# 2.4 小 结

1)在二元水循环理论指导下,在充分考虑社会因素的农业干旱过程识别的前提下，找出影响农业干旱的关键过程通量——区域可控水资源量。

2）辨析了水资源调配格局、水利工程以及非工程措施对区域可控水资源量的影响，提出了以水资源管理红线为阈值的水资源优化配置原则和思路，提出了适水发展的灌溉制度设计原则。

3）基于土壤水资源的相关理论，在前人调亏试验结果的基础上，考虑土壤水存贮的差异性以及空间垂向分布的异质性，构建了构建了区域农业干旱指标——SM-AWC干旱指标，提出了基于土壤水库解析的干旱定量化评价方法。

# |第3章| 研究区域和历史干旱概况

邯郸东部平原区位于华北平原的亚区平原——海河平原的南部，是河北省粮食主产区。该区域水资源本底值匮乏，地下水超采严重，区域水资源供需矛盾极为突出。同时该区域又是引黄入冀工程和南水北调中线工程的受水区，是华北平原多水源供水工程交汇的代表性区域。鉴于区域各种问题的复杂性和典型性，本书选择邯郸东部平原区作为典型研究区进行研究。

## 3.1 研究区域概况

### 3.1.1 基本概况

#### 3.1.1.1 自然地理

邯郸东部平原区位于河北省的东南角，东邻山东、南接河南，北依河北省邢台市南部各县，地理位置为 36° 04′ N~37° 01′ N、114° 18′ E~115° 28′ E。邯郸东部平原总面积 7587km²，包括邯郸地区京广铁路西侧 100m 等高线以东的全部区域，约占整个邯郸地区总面积的 63%。

区域行政区涉及邯郸市区和 13 县，其中包含鸡泽县、曲周县、邱县、肥乡县、广平县、馆陶县、成安县、魏县、临漳县、大名县的全部区域，磁县、邯郸县、永年县的部分区域 ①。平原地势较为平坦，自西南向东北略微倾斜，其中地面坡度为 1/2500~1/5000。

邯郸东部平原区按形态特征和成因可划分为中东部冲积湖积平原和太行山山前冲积、洪积倾斜平原。山前平原沿太行山呈条带状分布，其高程在 50~100m。其中，中东部平原地势相对低洼，海拔在 50m 以下，邯郸市邱县宋八町附近为

---

① 由于本书研究截止期为 2015 年，现状年为 2013 年，故采用当时邯郸市的行政划分。

邯郸市的最低点，其海拔为 32.8m。按照河流水系及水资源分区划分，可分为徒骇马颊河平原、漳卫河平原、滏阳河平原和黑龙港平原。邯郸东部平原位置图及行政区如图 3-1 所示。

图 3-1    邯郸东部平原位置及行政区划（2013 年）

### 3.1.1.2    气象水文

邯郸东部平原区属于暖温带半干旱半湿润大陆性季风气候，雨热同期，四季分明，适宜农作物的生长。该区域具有春季多风干旱，夏季多雨炎热，秋季天高气爽，冬季少雪寒冷等特征。区域内多年平均气温为 12.5~14.2℃，其中 12~2 月份气温最低，平均气温为 -3.8~-1.5℃，该地区最低气温观测值为 -23.6℃（1971 年 12 月 27 日大名县）；6~7 月份气温最高，该时期内各县月平均气温均在 25℃ 以上，最高气温达 42.7℃（1974 年 6 月 25 日邱县）。区域年日照率为 52.0%~60.0%，日照时数为 2300~2780h，其中 12~1 月份较少，而 5 月份日照时数较多。区域无霜期大约为 194~218d，终霜期一般出现在第二年 4 月的上旬，而初霜期一般出现在 10 月下旬（邯郸市水资源综合管理办公室，2014；邯郸市水利局，2010；龙秋波，2011）。

区域 1956~2013 年多年平均降水量约为 523.6mm，降水总量约为 39.68 亿

m³（邯郸市水利局，2014b）。降水量年际变化悬殊，时空分布不均是其主要特征。全年降水量的 70%~80% 都集中在 6~9 月，主要集中在 7 月下旬和 8 月上旬。现状年①平原区降水量约为 506.9mm（邯郸市水利局，2014b），属于平水年；6~9月份降水量占年降水量的 77.7%，其他月份降水量占全年降水量的 22.3%。

区域多年平均水面蒸发量在 1100 mm 左右（E601 蒸发皿），多年平均年陆地蒸发量约为 520 mm（邯郸市水利局，2010）。

### 3.1.1.3 河流水系

邯郸东部平原属于海河流域，其面积占整个海河流域面积的 1.84%，流经区域的人小河流有 10 多条。按照河川径流的循环形式划分，流经的河流均属直接入海的外流河系统。按照流域水系划分，可分为漳卫河水系、子牙河水系、徒骇马颊河水系和黑龙港水系 4 个部分（邯郸市水利局，2008；毕雪，2010；邯郸市水利局，2010；高学睿，2013）。其中漳卫河水系在邯郸东部平原内的流域面积达 2010km²，占邯郸市总面积的 26.49%；子牙河水系在邯郸东部平原境内的面积达 2517km²，占邯郸市总面积的 33.18%；徒骇马颊河流域在邯郸东部平原内面积达 365km²，仅占邯郸市总面积的 4.81%；黑龙港水系在邯郸东部平原境内的面积达 2695km²，占邯郸市总面积的 35.52%。邯郸东部平原主要河流基本情况统计情况见表 3-1，其具体分布见图 3-2。

除了河流水系外，邯郸平原区内零星散布着一些洼地、塘淀，其中最大的为永年洼，是继白洋淀、衡水湖之后的华北第三大洼淀。该洼地位于山前平原永年县旧城关镇，属漳河与沙洺河的冲洪积扇间地带，目前有洼地面积 18.0km²，其最大蓄水量为 3200 万 m³。主要蓄滏西平原的沥水与滞滏阳河洪水。

表 3-1 邯郸东部平原境内主要河流基本情况统计

| 水系 | 河流名称 | 起点 | 终点 | 河道长度（km） | 流域面积（km²） |
|---|---|---|---|---|---|
| 漳河 | 漳河 | 涉县合漳村 | 馆陶县 | 192 | 1583 |
| 卫河 | 卫河 | 河南辉县 | 馆陶县 | 70 | 747 |
| 卫运河 | 卫运河 | 馆陶县 | 山东临清 | 41 | 55 |
| 滏阳河 | 滏阳河 | 峰峰矿区和村 | 邢台阎庄 | 180 | 2160 |
| | 渚河 | 邯郸县岢家河 | 邯郸市张庄桥 | 29 | 84 |
| | 沁河 | 武安市车网口 | 城区滏阳河口 | 36 | 147 |
| | 输元河 | 邯郸县北高峒 | 邯郸县苏里村 | 20 | 82 |

---

① 本节现状年是指 2013 年，下同。

续表

| 水系 | 河流名称 | 起点 | 终点 | 河道长度（km） | 流域面积（km²） |
|------|----------|------|------|----------------|-----------------|
| 留垒河 | 留垒河 | 永年县借马庄 | 鸡泽县马坊营 | 32 | 2481 |
| 洺河 | 洺河 | 武安市永和村 | 鸡泽县沙阳村 | 64 | 766 |
| 老漳河 | 老漳河 | 永年县赵寨 | 曲周县河南町 | 55 | 709 |
| 老沙河 | 老沙河 | 魏县东风一排支 | 邱县香城固 | 75 | 2002 |
| 马颊河 | 马颊河 | 河南濮阳金堤闸 | 大名县冢北 | 25 | 365 |

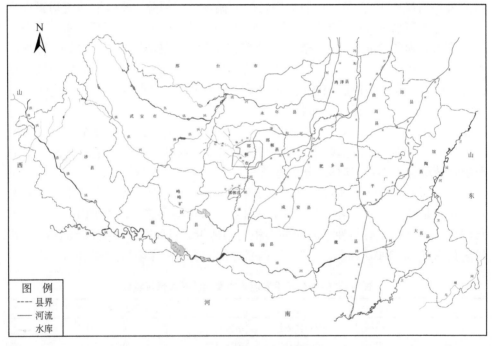

图 3-2　邯郸地区水系分布①

### 3.1.1.4　水文地质

邯郸东部平原区地下水主要是第四系松散岩类的孔隙含水岩组。其中每一个

---

① 此图仅作研究借鉴，不作为区域行政划分依据。

含水组都由多个含水层组成，因其成因相对复杂，各含水层岩性不一。根据区域地形地貌特征、水文地质条件和第四纪沉积物成因类型，本区从综合地质分区上，划分为山前冲积平原和东部冲积湖积两个水文地质区；两大水文地质区中相应的水文地质亚区分类及有关说明如下。

1）山前冲积平原水文地质区。山前冲积平原水文地质区主要有沙洛河洪积扇、沙洛河－漳河洪积扇间和漳河冲洪积扇三类水文地质亚区。其中，沙洛河洪积扇水文地质亚区为邯郸平原区中水文地质条件最好的地区之一，其形成类型属于冲积、冲洪积类型，含水层岩性多为砂砾卵石和黏性土，富水性好；漳河－沙洛河洪积扇间水文地质亚区属于两条水系的不同物质来源交接带，分别属于残坡积、洪坡积类型，其岩性为黏性土、粉土，混杂有碎石、角砾，无咸水，富水性差，水质略次；而漳河冲洪积扇水文地质亚区的主流区富水性良好。

2）东部冲积湖积水文地质区。东部冲积湖积水文地质区形成类型兼有冲积、冲洪积类型和冰湖沉积和冰积类型，其中后者的含水层岩性系黏土间夹砂砾石层，富水性一般；该水文地质区可分漳河冲积湖积和漳河－沙洛河交互沉积两类水文地质亚区。

综上来看，第一类水文地质区——山前冲洪积平原区均为淡水区，富水性好，含水层厚度大；第二类水文地质区——东部冲积湖积平原区均为咸水区，其中咸水底板埋深自东向西逐渐减小，东部一般100~140m，西部接近山前部分一般0~6m，咸水地板最大埋深可达200m。

区域从地下水系统的角度来分，又可分为子牙河地下水系统、漳卫河地下水系统以及黄河地下水系统。各地下水子系统又可分为不同的亚系统，系统、亚系统在区域的分布情况及其相应的富水性特征见图3-3。

### 3.1.1.5 人口经济

依据2014年邯郸市统计年鉴数据，现状年邯郸东部平原[①]的户籍人口总计879.2万人，其中农村人口为407.31万人，占总人口的46.30%；生产总值为2148.27亿元，其中，工业总产值为847.47亿元，第三产业生产总值为829.31亿元；一、二、三产的产值比例为16.30：45.14：38.56；现状年，区域粮食产量为514.89万t。区域涉及行政区的具体数据见表3-2。

---

① 涉及除峰峰矿区以外的行政区的全部数据。

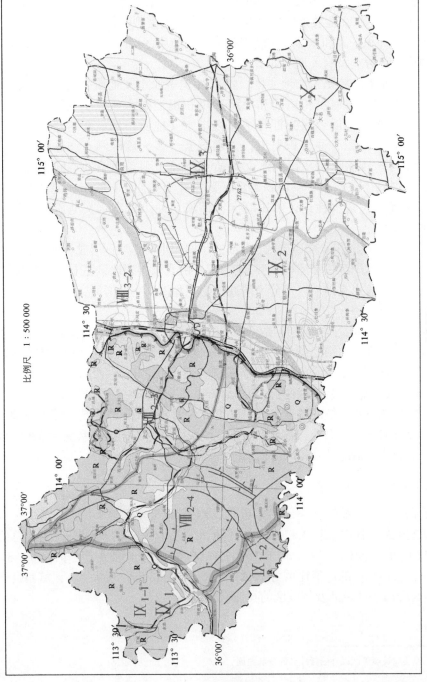

(a)分布图

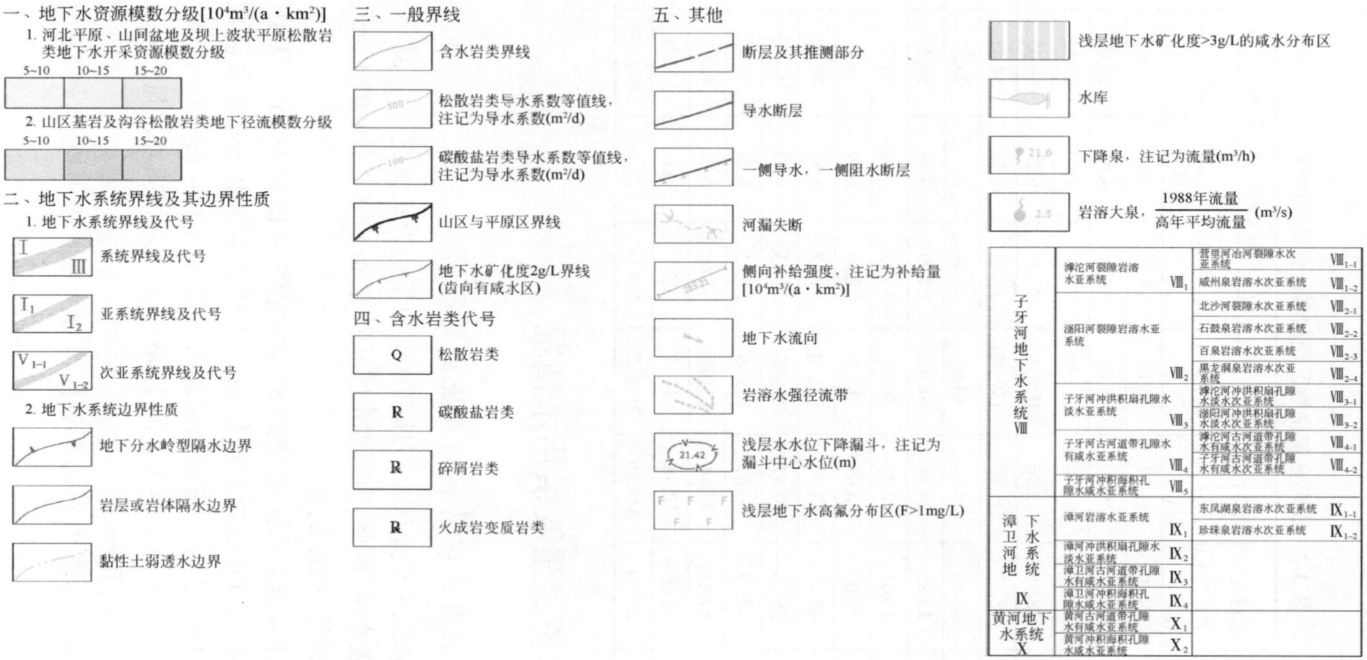

一、地下水资源模数分级[10⁴m³/(a·km²)]
1. 河北平原、山间盆地及坝上波状平原松散岩类地下水开采资源模数分级
5~10 10~15 15~20
2. 山区基岩及沟谷松散岩类地下径流模数分级
5~10 10~15 15~20
二、地下水系统界线及其边界性质
1. 地下水系统界线及代号
系统界线及代号
亚系统界线及代号
次亚系统界线及代号
2. 地下水系统边界性质
地下分水岭型隔水边界
岩层或岩体隔水边界
黏性土弱透水边界
三、一般界线
含水岩类界线
松散岩类导水系数等值线，注记为导水系数(m²/d)
碳酸盐岩类导水系数等值线，注记为导水系数(m²/d)
山区与平原区界线
地下水矿化度2g/L界线(齿向有咸水区)
四、含水岩类代号
松散岩类
碳酸盐岩类
碎屑岩类
火成岩变质岩类
五、其他
断层及其推测部分
导水断层
一侧导水，一侧阻水断层
河漏失断
侧向补给强度，注记为补给量[10⁴m³/(a·km²)]
地下水流向
岩溶水强径流带
浅层水水位下降漏斗，注记为漏斗中心水位(m)
浅层地下水高氟分布区(F>1mg/L)
浅层地下水矿化度>3g/L的咸水分布区
水库
下降泉，注记为流量(m³/h)
岩溶大泉，1988年流量/高年平均流量 (m³/s)
子牙河地下水系统Ⅷ
滹沱河裂隙岩溶水亚系统 Ⅷ1
营里河冶河裂隙水次亚系统 Ⅷ1-1
威州泉岩溶水次亚系统 Ⅷ1-2
滏阳河裂隙岩溶水亚系统 Ⅷ2
北沙河裂隙水次亚系统 Ⅷ2-1
石鼓泉岩溶水次亚系统 Ⅷ2-2
百泉岩溶水次亚系统 Ⅷ2-3
黑龙洞泉岩溶水次亚系统 Ⅷ2-4
子牙河冲洪积扇孔隙水淡水亚系统 Ⅷ3
滹沱河冲洪积扇孔隙水淡水次亚系统 Ⅷ3-1
滏阳河冲洪积扇孔隙水淡水次亚系统 Ⅷ3-2
子牙河古河道带孔隙水有咸水亚系统 Ⅷ4
滹沱河古河道带孔隙水有咸水次亚系统 Ⅷ4-1
子牙河古河道带孔隙水有咸水次亚系统 Ⅷ4-2
子牙河冲积海积孔隙水咸水亚系统 Ⅷ5
漳卫河地下水系统Ⅸ
漳河岩溶水亚系统 Ⅸ1
东风湖泉岩溶水次亚系统 Ⅸ1-1
珍珠泉岩溶水次亚系统 Ⅸ1-2
漳河冲洪积扇孔隙水淡水亚系统 Ⅸ2
漳卫河古河道带孔隙水有咸水亚系统 Ⅸ3
漳卫河冲积海积孔隙水咸水亚系统 Ⅸ4
黄河地下水系统X
黄河古河道带孔隙水有咸水亚系统 X1
黄河冲积海积孔隙水咸水亚系统 X2


(b)图例

图3-3　邯郸地区地下水系统及其水文地质条件

表 3-2　邯郸东部平原区现状年社会经济指标

| 县、市区 | 户籍人口（万人） | 农村人口（万人） | 粮食产量（万 t） | 地区生产总值（亿元） | | | | |
|---|---|---|---|---|---|---|---|---|
| | | | | 生产总值 | 第一产业 | 第二产业 | | 第三产业 |
| | | | | | | 建筑 | 工业 | |
| 鸡泽县 | 31.35 | 18.60 | 21.37 | 85.03 | 18.29 | 3.85 | 37.69 | 25.19 |
| 邱县 | 25.15 | 14.03 | 9.68 | 67.61 | 14.65 | 4.47 | 24.02 | 24.47 |
| 永年县 | 107.57 | 61.70 | 54.88 | 245.16 | 77.98 | 7.09 | 90.47 | 69.62 |
| 曲周县 | 48.27 | 28.98 | 42.84 | 109.36 | 27.30 | 5.26 | 46.00 | 30.81 |
| 邯郸县 | 39.78 | 18.37 | 25.57 | 139.98 | 14.12 | 9.97 | 54.41 | 61.50 |
| 肥乡县 | 39.27 | 23.88 | 34.34 | 84.04 | 26.64 | 8.71 | 26.56 | 22.15 |
| 馆陶县 | 35.27 | 18.85 | 29.14 | 88.95 | 22.99 | 4.83 | 37.27 | 23.87 |
| 广平县 | 29.59 | 18.01 | 22.44 | 69.32 | 13.05 | 5.00 | 24.95 | 26.32 |
| 成安县 | 44.25 | 23.00 | 28.99 | 124.23 | 22.80 | 6.09 | 54.97 | 40.37 |
| 魏县 | 99.43 | 49.95 | 63.04 | 123.70 | 27.47 | 8.52 | 32.39 | 55.33 |
| 磁县 | 65.06 | 36.25 | 37.47 | 236.75 | 21.85 | 9.42 | 108.55 | 96.93 |
| 临漳县 | 72.58 | 40.09 | 60.61 | 103.09 | 29.71 | 8.26 | 30.02 | 35.10 |
| 大名县 | 92.20 | 52.43 | 74.44 | 123.88 | 31.62 | 6.26 | 46.71 | 39.29 |
| 市区 | 149.43 | 3.17 | 10.08 | 547.17 | 0.71 | 34.65 | 233.46 | 278.36 |
| 总计 | 879.2 | 407.31 | 514.89 | 2148.27 | 349.18 | 122.38 | 847.47 | 829.31 |

## 3.1.2　水资源量及供用水情况

### 3.1.2.1　地表自产水量和出入境水资源量

现状年，邯郸东部平原区自产地表水资源量约为 0.28 亿 m³，其中水资源较多的县区自产地表水量分别约为邯郸市区 0.08 亿 m³、永年县 0.07 亿 m³、邯郸县 0.03 亿 m³ 以及成安县 0.02 亿 m³。

现状年上游各省市汇入区域[①]的地表径流量约为 12.81 亿 m³，其中入境水量最多的是卫河，年入境水量约 5.93 亿 m³，占整个邯郸市总入境水量的 46.2%；其次是浊漳河约 4.03 亿 m³，占邯郸市总入境水量的 31.4%；清漳河入境水量为约 2.75 亿 m³，占邯郸市总入境水量的 21.4%；其他各河入境水量约 0.11 亿 m³，占邯郸市总入境水量的 0.9%。

邯郸市出境河流全部经东部平原区出境。现状年出境水量约 6.34 亿 m³，

①因统计时按照整个邯郸地区统计，故出入境水量的区域指的是整个邯郸地区。

出境水量最多的是卫运河，年出境水量约 5.49 亿 m³，约占邯郸总出境水量的 86.7%；其次是留垒河，出境水量约 0.47 亿 m³，占邯郸市总出境水量的 7.4%；其余滏阳河、洺河、老漳河、老沙河出境水量约 0.37 亿 m³，仅占邯郸市的 5.9%。

#### 3.1.2.2 浅层地下水动态和地下水资源量

现状年，邯郸市东部平原的地下水资源量为 6.85 亿 m³（包含山区与平原地下水重复计算水量约 0.30 亿 m³），其中地下水较多的县及其地下水资源量分别为：大名县 1.22 亿 m³、永年县 0.94 亿 m³ 和魏县 0.71 亿 m³。

现状年邯郸东部平原区地下水水位与前一年相比平均下降 0.16m。其中成安县、邯郸县等 8 个县地下水位出现了不同程度的下降，地下水水位下降最大的为成安县，下降 1.82m，其次是邯郸县和鸡泽县，分别下降 1.35m 和 1.33m；其余 5 个县地下水水位较去年有不同程度的回升，回升值最大的永年县，平均回升 2.27m，其次是邱县，回升 1.05m。

#### 3.1.2.3 水资源供用水情况

现状年，各类供水工程向邯郸东部平原各县区内总供水 19.59 亿 m³。其中，地表水 6.6 亿 m³，占总供水量的 33.69%；地下水 12.99 亿 m³，占总供水量的 66.31%（邯郸市水利局，2014a）。

按照供水结构更具体来分，再生水和微咸水等非常规水源供给量为 0.82 亿 m³，仅占总供水量的 4.18%；常规地表水源中，当地地表水供水量为 4.19 亿 m³、仅占总供水量的 21.38%，外调水量 1.89 亿 m³、占总供水量的比例为 9.66%；常规地下水源中，浅层地下水供水量 9.45 亿 m³、所占总供水量的比例最高、达 48.22%，深层地下水供水量 3.24 亿 m³、所占总供水量的比例为 16.55%。具体各县区不同水源供水情况见表 3-3（邯郸市水利局，2014a）。

从用水情况来说，区域总用水量为 19.59 亿 m³。其中，农业用水量(含农村生活[①])为 16.22 亿 m³，占总用水量的 82.78%；城镇生活和工业用水量为 3.37 亿 m³，占总用水量的 17.22%。而在农业用水量中，11.51 亿 m³ 来自地下水供给，占农业用水量总量的 70.96%。具体各县区的用水情况详见表 3-3（邯郸市水利局，2014a）。

由以上数据分析可知，现状年邯郸东部平原供水结构极不合理，存在供水水源严重依靠地下水、当地地表水供水能力差、非常规水资源利用率低的缺点。地下水供水中，大多数用于农业用水，所占比例高达 88.58%。因此，未来区域的节水任务应重点部署在农业用水上，并通过地表水源置换和节水来减少对地下水的开采量。

---

① 按照新的水资源量统计规则，农村生活用水归入农业用水中。

表 3-3　邯郸东部平原区现状年水资源供用情况

（单位：万 m³）

| 行政区域 | 地表水 | | | | | | | 地下水 | | | | | | | 供水/用水合计 |
| | 供水来源 | | | | 用水途径 | | | 供水来源 | | | | 用水途径 | | | |
| | 蓄、提、引水利工程 | 再生水 | 外调水（引黄提卫水） | 小计 | 农业用水（含农村生活） | 城镇生活及工业用水 | 小计 | 浅层地下淡水 | 深层地下水 | 微咸水 | 小计 | 农业用水（含农村生活） | 城镇生活及工业用水 | 小计 | |
|---|---|---|---|---|---|---|---|---|---|---|---|---|---|---|---|
| 市区 | 12 372 | 265 | 0 | 12 637 | 260 | 12 377 | 12 637 | 243 | 3 430 | 0 | 3 673 | 300 | 3 373 | 3 673 | 16 310 |
| 磁县 | 25 | 342 | 0 | 367 | 0 | 367 | 367 | 6 174 | 1 442 | 0 | 7 616 | 5 264 | 2 352 | 7 616 | 7 983 |
| 邯郸县 | 8 361 | 371 | 0 | 8 732 | 7 970 | 762 | 8 732 | 2 087 | 190 | 0 | 2 277 | 1 620 | 657 | 2 277 | 11 009 |
| 永年 | 2 639 | 1 429 | 0 | 4 068 | 2 634 | 1 434 | 4 068 | 12 890 | 2 292 | 181 | 15 363 | 13 679 | 1 684 | 15 363 | 19 431 |
| 曲周 | 654 | 944 | 2 095 | 3 692 | 2 669 | 1 024 | 3 692 | 4 320 | 4 800 | 0 | 9 120 | 7 970 | 1 150 | 9 120 | 12 812 |
| 鸡泽 | 748 | 162 | 0 | 910 | 458 | 452 | 910 | 4 495 | 650 | 160 | 5 305 | 4 675 | 630 | 5 305 | 6 215 |
| 临漳 | 4 068 | 255 | 0 | 4 323 | 4 068 | 255 | 4 323 | 12 888 | 1 571 | 0 | 14 459 | 13 281 | 1 178 | 14 459 | 18 782 |
| 成安 | 201 | 181 | 0 | 382 | 201 | 181 | 382 | 8 486 | 674 | 586 | 9 746 | 9 237 | 509 | 9 746 | 10 128 |
| 魏县 | 2 308 | 256 | 9 043 | 11 607 | 10 857 | 750 | 11 607 | 13 860 | 5 280 | 0 | 19 140 | 17 883 | 1 257 | 19 140 | 30 747 |
| 广平 | 256 | 177 | 1 208 | 1 641 | 1 464 | 177 | 1 641 | 2 640 | 3 020 | 94 | 5 754 | 5 495 | 259 | 5 754 | 7 395 |
| 肥乡 | 1 160 | 153 | 1 050 | 2 363 | 2 210 | 153 | 2 363 | 6 395 | 2 210 | 760 | 9 365 | 9 116 | 249 | 9 365 | 11 728 |
| 大名 | 8 696 | 349 | 1 383 | 10 428 | 9 776 | 652 | 10 428 | 12 730 | 2 420 | 0 | 15 150 | 14 595 | 555 | 15 150 | 25 578 |
| 馆陶 | 52 | 160 | 2 566 | 2 778 | 2 618 | 160 | 2 778 | 3 760 | 1 760 | 1 002 | 6 522 | 5 880 | 642 | 6 522 | 9 300 |
| 邱县 | 359 | 140 | 1 588 | 2 087 | 1 926 | 161 | 2 087 | 3 527 | 2 699 | 217 | 6 443 | 6 103 | 340 | 6 443 | 8 530 |
| 东部 13 县 | 29 527 | 4 917 | 18 933 | 53 377 | 46 851 | 6 526 | 53 377 | 94 252 | 29 008 | 3 000 | 126 260 | 114 798 | 11 462 | 126 260 | 179 637 |
| 全部合计 | 41 899 | 5 182 | 18 933 | 66 014 | 47 111 | 18 903 | 66 014 | 94 495 | 32 438 | 3 000 | 129 933 | 115 098 | 14 835 | 129 933 | 195 947 |

# 3.2 历史干旱概况

邯郸东部平原是一个干旱灾害较为严重而频发的区域。历史上有"十年九旱"之说，春旱几乎年年发生，局部区域甚至时常出现春夏连旱。干旱问题在历史上直接威胁区域农业生产，影响人民生活。

## 3.2.1 历史典型旱灾

历史典型旱灾主要是根据海河流域历史旱灾统计资料（海河流域委员会，1995）、河北省历史旱灾统计资料（河北省水利厅，1996）以及其他一些文献（张兰霞，2012；邯郸市水利局，2010）汇总统计而得。其中，中华人民共和国成立前历史典型旱灾多以定性叙述为主；中华人民共和国成立后历史典型旱灾根据相关数据统计而得。

### 3.2.1.1 中华人民共和国成立前历史典型旱灾

由于受到各县（府）历史志和其他相关年鉴等各类历史资料记载的详略程度的影响，本书只采用1469~1948年的有关历史资料，共480年。在这段时间内，波及范围大、持续时间长、旱灾损失严重并出现"人相食""遍地赤土"等记载的特大型干旱中，比较典型的有3场，而且这些旱灾不止发生在邯郸东部各县，具体情况如下。

**1. 1637~1643年特大旱灾**

1637~1643年（明崇祯十年至十六年），不仅邯郸东部平原，整个海河流域都遭遇7年连旱，其中前两年和后两年为重大旱灾，中间三年为特大旱灾，此次旱灾历时长、范围广，灾情十分严重，尤以流域南部为重。经史书记载，1640年，永年、肥乡、广平、涉县、馆陶、曲周、大名出现"人相食"；1641年，永年、鸡泽、大名、涉县出现"人相食"（海河流域委员会，1995）。

**2. 1875~1878年特大旱灾**

1875~1878年（清光绪元年至四年）大旱灾持续四年，其中以光绪三年（1877年）最为严重。晋、冀、鲁、豫、陕等五省同时发生旱灾，灾区连成一片。且河北省受灾较为严重，旱灾几乎遍及省内各地、县，而邯郸、邢台、沧州、衡水、石家庄、保定等地区又是省内受灾最严重的地区，这些地区的地方志中均有"终年无雨的记载"（河北省水利厅，1996）。

### 3. 1920 年特大旱灾

据相关历史资料记载（海河流域委员会，1995；河北省水利厅，1996），1920 年邯郸发生了遍及整个区域的特大干旱，记录显示"邯郸、永年、邱县、鸡泽、广平、肥乡、大名、成安、磁县、临漳、武安、涉县皆大旱；邯郸、肥乡、成安、磁县至翌年春仍旱"。其中以馆陶县最甚，史书记载："馆陶全境大旱，遍地赤土，人食草根树皮为生，逃亡男女达十之四……"。

### 3.2.1.2 中华人民共和国成立后历史典型旱灾[①]

中华人民共和国成立前，邯郸广大地区无力抗御自然灾害。中华人民共和国成立后，修建了大量防洪除涝、大中小型水库和农田水利工程，形成了以地表水灌区和地下水抽水井为主的农业抗旱灌溉体系，旱灾较中华人民共和国成立前大为减轻。但由于自然资源和经济社会发展等条件的制约，当地地表水、地下水水资源不足，在遇到旱灾年份时，工农业生产和城乡人民生活供水仍然受到严重影响。邯郸东部平原所在的海河南系 1949~1990 年不同年代农业受旱情况如表 3-4 所示（海河流域委员会，1995）；1990~2007 年邯郸地区逐年农业受旱情况如表 3-5 所示[②]（邯郸市水利局，2010）。

据不完全统计，在 1949~2007 年的 59 年中，邯郸受灾面积较大的年份有 47 个，其中典型的有 1965 年、1968 年、1972 年、1975 年、1991~1993 年、1997 年、1999 年的严重旱灾和特大旱灾，1980~1984 年 5 年的连旱和 1997~2002 年 6 年连旱，以及 1989 年春、夏、秋三季连旱等。

**表 3-4　海河南系 1949~1990 年分时段农业受旱情况**

| 时段 | 平均年播种面积（万 $m^2$） | 平均年受害面积（万 $m^2$） | 平均年受害（%） | 平均年成灾面积（万 $m^2$） | 平均年成灾率（%） | 平均年成灾比 | 平均年减产粮食（万 t） |
|---|---|---|---|---|---|---|---|
| 1949~1960 年 | 849.6 | 22.4 | 2.64 | 18.3 | 2.15 | 0.82 | 8.18 |
| 1961~1970 年 | 778.5 | 64.0 | 8.23 | 39.4 | 5.06 | 0.62 | 50.61 |
| 1971~1980 年 | 806.6 | 68.3 | 8.47 | 45.8 | 5.68 | 0.67 | 46.76 |
| 1981~1990 年 | 783.7 | 134.8 | 17.20 | 89.9 | 11.49 | 0.67 | 113.27 |
| 1949~1990 年 | 806.7 | 70.0 | 8.68 | 46.9 | 5.82 | 0.67 | 52.49 |

---

①因统计资料有限，本书只统计了 1949~2007 年的区域历史典型旱灾情况。

②因统计资料有限，1949~1990 年和 1990~2007 年两个阶段的统计口径并不一致。

表 3-5　海河南系 1990~2007 年逐年农业受旱情况

| 年份 | 播种面积（万 hm²） | 粮食产量（万 kg） | 因旱粮食损失量（万 kg） | 因旱粮食减产率(%) |
|---|---|---|---|---|
| 1990 | 98.2 | 259 903 | 18 453 | 7.1 |
| 1991 | 75.5 | 241 766 | 25 869 | 10.7 |
| 1992 | 95.9 | 215 589 | 70 713 | 32.8 |
| 1993 | 99.1 | 287 214 | 47 103 | 16.4 |
| 1994 | 101.7 | 304 351 | 33 174 | 10.9 |
| 1995 | 100.1 | 325 369 | 30 585 | 9.4 |
| 1996 | 103.7 | 385 161 | 33 124 | 8.6 |
| 1997 | 105.8 | 396 445 | 120 123 | 30.3 |
| 1998 | 106.8 | 416 095 | 51 180 | 12.3 |
| 1999 | 106.2 | 420 029 | 107 107 | 25.5 |
| 2000 | 104.9 | 391 318 | 63 002 | 16.1 |
| 2001 | 106.0 | 387 082 | 49 546 | 12.8 |
| 2002 | 105.0 | 373 013 | 72 738 | 19.5 |
| 2003 | 110.9 | 361 763 | 65 841 | 18.2 |
| 2004 | 104.2 | 395 340 | 54 557 | 13.8 |
| 2005 | 105.3 | 412 726 | 49 940 | 12.1 |
| 2006 | 106.0 | 415 665 | 55 699 | 13.4 |
| 2007 | 107.4 | 440 995 | 65 708 | 14.9 |

现将更具代表性、旱情范围广（全河北省）的 1965 年、1980~1982 年、1991~1993 年和 1997~2002 年的旱情进行详细阐述。

**1. 1965 年的旱情、旱灾**

1965 年，邯郸在内的河北省中南部 6 个地区遭遇春旱连夏旱，夏旱连秋旱，受旱面积达耕地面积的一半以上。漳河在邯郸境内断流，春播作物中，12 万 hm² 中叶子干枯，不能抽穗的有 8 万 hm²；夏播作物 27 万 hm² 中死苗的有 13.5 万 hm²。由于伏天里无雨，萝卜、白菜都未能播种成功。干旱还导致农村饮水困难。据统计，整个邯郸地区饮水缺水的有 100 个村，8 万多人，3000 多头大牲畜；饮水困难的有 30 个村，2 万多人，1000 多头大牲畜（河北省水利厅，1996）。

**2. 1980~1982 年旱情、旱灾**

1980 年河北省不仅春旱严重，而且伏旱连秋旱。持续的干旱使得汛期河道径流很少，漳河岳城水库以上，汛期径流量仅 0.31 亿 m³，卫河径流量也只有 2.3 亿 m³，是中华人民共和国成立以来罕见的少水年。汛期末各大中型水库比一般平水年少蓄超过 1/2，比丰水年（1973）的蓄水量减少 70%。伏旱正值区域春玉米和麦田套播玉米抽穗、包棒之时，严重影响了作物生长。

1981 年继续干旱，由于干旱时间长，地上蓄水很少，地下水位持续下降，水库蓄水和地下水抽水机井出水量均锐减，区域灌溉不能保障，使得不少作物干枯而死，造成绝产。持续干旱造成人畜饮水困难，城市生活和工业用水也很紧张，自 5 月份开始实行人口限量供水。

1982 年春旱严重，春季一半以上的耕地面积欠墒，春播作物被迫改夏播。个别县区持续出现饮水困难，邯郸个别县有 60 辆汽车，382 台拖拉机，280 辆马车、小拉车外出拉水，每天仅油费开支一项就高达 2645 元。

上述两典型旱灾年降水量统计情况如表 3-6 所示（海河流域委员会，1995），由表可知，降水量大量减少造成了旱情的发生和持续。

表 3-6　海河南系 1949~1990 年典型干旱年降水量统计

| 年份 | 降雨统计数据 | 二级区 | |
|---|---|---|---|
| | | 海河南系 | 徒骇马颊河水系 |
| 1965 | 雨量 (mm) | 302.1 | 392.1 |
| | 距平 (%) | −45.3 | −32.1 |
| 1980 | 雨量 (mm) | 441.1 | 525.7 |
| | 距平 (%) | −20.06 | −8.99 |
| 1981 | 雨量 (mm) | 437.4 | 412.9 |
| | 距平 (%) | −20.73 | −28.5 |
| 1982 | 雨量 (mm) | 481.3 | 490.9 |
| | 距平 (%) | −12.78 | −15.01 |

### 3. 1991~1993 年旱情、旱灾

1991 年 10 月中旬至 1993 年 6 月，邯郸的部分县市持续受旱达 22 个月之久，期间这些地方没有降过一次透雨，总降雨为 346mm，仅为常年同期的 50%，给农业生产带来巨大危害。1992 年仅邯郸市冬小麦成灾面积就达 19.8 万 hm²，绝收 5.74 万 hm²，分别占相应播种面积的 56.8% 和 16.4%。严重的干旱还给 1993 年的春播带来很大困难，由于春播期间丘陵区耕地干土层深达 70cm，春播被迫转夏播面积达 50.87 万 hm²。持续干旱也给人民生活带来很大不便，邯郸市区不得不定时供水，造成 170 多万人和 48 多万头牲畜饮水困难。

**4. 1997~2002 年旱情、旱灾**

1997~2002 年，邯郸市连续 6 年干旱，持续时间之长，降雨之少，受灾之重，都是历史上罕见的。1997 年邯郸市平均降雨量为 345.6mm，比多年平均少37%，列为 1956 年以来年降水量系列中少雨年份的第四位，属严重干旱年份。1997 年全市范围内春、夏、秋三季连旱，全市受灾面积达 35.2 万 hm²，其中成灾面积 25.8 万 hm²，绝收面积 5.1 万 hm²，当年粮食因旱减产量 12 亿 kg。

## 3.2.2 历史干旱事件图谱

为便于说明研究区域历史旱灾情况和其程度，将 1469~2007 年以来和研究区域相关的历年干旱事件进行整理，根据历史资料和有关数据制定干旱事件的级别，并绘制其干旱事件图谱如图 3-4 所示，从而直观地反映出研究区域干旱事件影响的发生年份、等级和后果。

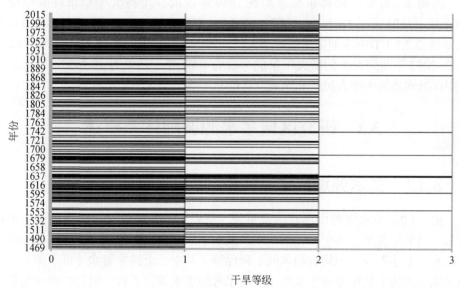

图 3-4 邯郸东部平原历史干旱事件图谱（1469~2007 年）

1949 年以前，由于没有观测数据，根据历史资料记载的灾害情况（如"赤地千里，父子夫妇相食，村落间杳无人烟"）进行级别判定；1949 年以后根据降水数据参考有关标准和干旱影响的实际情况进行划分（中华人民共和国国家质量监督检验检疫总局和中国国家标准化管理委员会，2006）。不同干旱事件等级及其对应干旱程度、干旱特征和影响的对照情况如表 3-7 所示。

表 3-7　干旱事件等级对照

| 事件等级 | 干旱程度 | 干旱特征 | 干旱事件影响 |
|---|---|---|---|
| 0 | 正常或湿涝 | 降水正常或较正常年偏多，地表湿润，无旱象 | 无 |
| 1 | 一般干旱 | 降水持续较常年偏少，土壤表面干燥出现水分不足，地表植物叶片白天有萎蔫现象 | 对农作物和生态环境造成一定影响 |
| 2 | 重大干旱 | 土壤出现水分持续严重不足，土壤出现较厚的干土层，植物萎蔫，叶片干枯，果实脱落 | 对农作物和生态环境造成严重影响，对工业生产、人畜饮水产生较大影响 |
| 3 | 特大干旱 | 土壤出现水分长时间严重不足，地表植物大面积干枯、死亡 | 对农作物和生态环境造成特别严重影响，工业生产取水、人畜饮水特别困难；大量饥民饿死，出现人相食情形 |

由图 3-4 可知，邯郸东部平原在 1949 年以前发生特大干旱事件的年份有 1560 年、1601 年、1638~1641 年、1689 年、1743 年、1877 年、1900 年以及 1920 年，3.2.1.1 节中详细阐述的中华人民共和国成立前的三场典型旱灾均有体现；1949~2007 年期间发生的特大干旱的年份为 1965 年、1991 年和 1997 年，3.2.1.2 节中详细阐述的中华人民共和国成立后的几场典型旱灾中也有体现。

# 3.3　研究区域多水源调配体系概述

## 3.3.1　多水源调配体系构成

由 3.1.2.3 节水资源供用水情况可知，邯郸东部平原供水由引漳水和当地地表水、引黄外调水、再生水和微咸水以及地下水等多水源组成，未来区域还将有引江水。上述不同水源均有相应的工程保障，其中，上游来蓄水（即引漳水）和当地地表水的水量保障基于水库、闸堤渠等地表水调蓄工程，引黄外调水的保障基于引黄入邯和引黄入冀补淀工程，引江外调水的保障基于南水北调中线及其配套工程，当地地下水的取水水量限制在外调水水量保障的基础上，通过地下水压采工程和节水灌溉工程实现，再生水和微咸水等非常规水源的保障基于污水处理厂改造、农村五小工程等非常规水源工程组成。

未来，在现有引水、供水工程布局基础上，以生态水网改造提升、引黄引卫完善延伸为重点，通过疏浚扩挖河渠卡口、建设分水调水提水工程，打通连接灌排渠系水道，逐步实现东部平原境内多个水系的河湖渠塘互联互通，提高地表水调配运用能力，达到南北互济、西水东调，奠定水资源优化配置的工程基础，也为地下水漏斗区治理创造条件。通过各水源之间的优化、调度和配置，保障了邯郸东部平原的科学供水、可持续供水，从而构成了研究区域的多水源调配体系。各水源工程具体情况如下所述。

## 3.3.2 当地地表水调蓄工程

当地地表水调蓄工程由蓄水工程、灌溉工程以及河渠排沥工程组成。

### 3.3.2.1 蓄水工程

目前，邯郸市[①]建有 80 余座各类大、中、小型水库，其中有 2 座大型水库，即岳城水库和东武仕水库；5 座中型水库，分别为车谷、大洺远、口上、四里岩、青塔；小（Ⅰ）型水库 14 座；小（Ⅱ）型水库 60 座。各水库总库容约 16 亿 m³。在邯郸东部平原区建有各类蓄水闸近 30 座，设计总蓄水能力近 4000 万 m³。大中型水库的基本情况如表 3-8 所示。

表 3-8 邯郸地区大中型水库基本情况

| 水库名称 | 位置 | 修建时间 | 控制面积 (km²) | 总库容 (亿 m³) | 兴利库容 (亿 m³) | 设计灌溉面积（万 hm²） | 类型 |
|---|---|---|---|---|---|---|---|
| 车谷 | 武安市馆陶乡 | 1974 年 8 月 | 124 | 0.331 5 | 0.132 8 | 0.8 | 中型 |
| 大洺远 | 武安市大洺远村 | 2005 年 6 月 | 1 047.5 | 0.329 9 | 0.217 3 | | 中型 |
| 口上 | 武安市活水乡 | 1969 年 9 月 | 138.7 | 0.320 8 | 0.28 | 0.77 | 中型 |
| 青塔 | 涉县偏城镇 | 1970 年 9 月 | 76 | 0.135 | 0.103 6 | 0.37 | 中型 |
| 四里岩 | 武安市贺进镇 | 1991 年 12 月 | 214.73 | 0.114 4 | 0.092 2 | 0.29 | 中型工程 |
| 东武仕 | 磁县路村营乡 | 1959 年 9 月 | 340 | 1.675 | 1.445 | 6.67 | 大型 |
| 岳城 | 磁县与河南省安阳县交界处 | 1970 年 | 18 100 | 13.0 | 6.138 | 14.67 | 大型（控制性） |

### 3.3.2.2 灌溉工程

目前，全邯郸市有数个万公顷以上的灌区，设计灌溉面积达到了 32.1 万 hm²，有效灌溉面积达到了 24.38 万 hm²。其中，民有灌区是邯郸市最大的灌区，控制着

---

①因邯郸市水库的供水区域基本均涉及东部平原，故蓄水工程介绍的都是整个邯郸地区的工程。

除磁县外的东部临漳、成安、肥乡、广平、曲周等县，设计灌溉面积为 16 万 hm²，实际控制面积为 10.4 万 hm²；滏阳河灌区是区域第二大灌区，控制着市邯山、丛台两区以及东部邯郸、永年、鸡泽、曲周等县区，设计灌溉面积为 4.3 万 hm²，实际灌溉面积为 3 万 hm²；军留灌区是涉及东部平原的另一大灌区，设计灌溉面积为 2.2 万 hm²，实际灌溉面积为 2.2 万 hm²，控制着东部魏县和大名等县。这三大灌区情况基本情况如表 3-9 所示，灌区所处地理位置和周围水系概化如图 3-5 所示。

**表 3-9　邯郸东部平原三大灌区基本情况**

| 名称 | 设计灌溉面积 ( 万 hm²) | 有效灌溉面积 ( 万 hm²) | 主要供水水源 | 主要供水渠道 | 涉及东部县区 |
|---|---|---|---|---|---|
| 滏阳河灌区 | 4.3 | 3 | 滏阳河水、地下水、坑塘水 | 滏阳河、高级渠、滏南渠、滏北渠、南干渠 | 邯郸县、曲周、永年县、邱县、鸡泽 |
| 民有灌区 | 16 | 10.4 | 漳河水 | 民有总干渠、民有一干、二干、三干、 | 临漳、成安、魏县、广平、肥乡、曲周、大名、馆陶 |
| 军留灌区 | 2.2 | 2.2 | 卫河、引黄 | 军留总干渠、超级支渠 | 魏县、大名 |

### 3.3.2.3　河渠排沥工程和东部水网工程

河渠排沥工程主要是由天然河道排水系和人工排水渠道或改造的小型天然河道组成。邯郸东部平原的天然河道排水系有子牙河排水系、黑龙港排水系和漳卫河排水系；主要人工排水渠道和改造的小型河道有生产团结渠、留垒河，老沙河、老漳河，魏大馆排水渠、马颊河和小引河排水渠等。

其中，生产团结渠和留垒河属于子牙河排水系，团结渠上游分西、东两个大的干渠，控制着成安、临漳、肥乡、邯郸和永年等县区；留垒河为洺河和滏阳河之间的排水主干，同时也用于排泄永年县的洼地洪水；老漳河以及老沙河是黑龙港流域的排水渠系，担负着黑龙港水系的排洪任务；魏大馆排水渠、马颊河和小引河属于漳卫河排水系，马颊河是河南省、河北省和山东省平原边界的排水主干河道，漳河以北的临漳、大名、魏县境内的洪涝水主要通过魏大馆排水渠进行排泄，大名县洪泛区的洪涝水主要由小引河排水渠来进行排泄。各排水渠道分河道汇总情况见表 3-10。

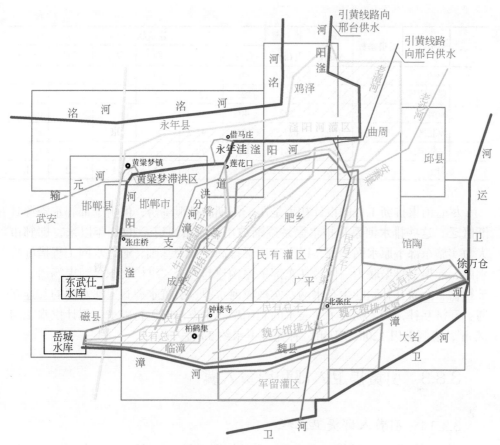

图 3-5 邯郸东部平原三大灌区及水系概化

**表 3-10 邯郸东部平原骨干排水渠道及相应建筑物汇总**

| 河系 | 分区 | 渠道条数 | 长度 (km) | 控制面积 (km²) | 建筑物（座） | | | | | |
|------|------|---------|-----------|----------------|------|------|------|------|------|------|
| | | | | | 合计 | 桥 | 闸 | 跌水 | 渡槽 | 涵洞 |
| 子牙河 | 小计 | 13 | 195.7 | 1504.1 | 262 | 213 | 27 | 1 | 21 | |
| | 滏阳河区 | 3 | 23.1 | 232.4 | 28 | 20 | 8 | | | |
| | 留垒河区 | 5 | 68.4 | 439 | 79 | 75 | 4 | | | |
| | 永年洼区 | 5 | 104.2 | 832.7 | 154 | 117 | 15 | 1 | 21 | |
| 黑龙港 | 小计 | 43 | 722.8 | 2711.6 | 646 | 627 | 17 | | 1 | 1 |
| | 老沙河区 | 34 | 533.3 | 2002.2 | 502 | 488 | 12 | | 1 | 1 |
| | 老漳河区 | 9 | 189.5 | 709.4 | 144 | 139 | 5 | | | |

续表

| 河系 | 分区 | 渠道条数 | 长度 (km) | 控制面积 (km²) | 建筑物（座） | | | | | |
|------|------|----------|-----------|-----------------|------|------|------|------|------|------|
| | | | | | 合计 | 桥 | 闸 | 跌水 | 渡槽 | 涵洞 |
| 漳卫河 | 小计 | 23 | 323.5 | 1702.5 | 346 | 332 | 14 | | | |
| | 冀豫边界 | 17 | 168.3 | 729 | 123 | 121 | 2 | | | |
| | 漳南区 | 3 | 54.4 | 292 | 40 | 37 | 3 | | | |
| | 漳北区 | 3 | 100.8 | 681.5 | 103 | 95 | 8 | | | |
| 马颊河 | 马颊河区 | 6 | 103.4 | 361 | 80 | 79 | 1 | | | |
| 总计 | | 85 | 1345.4 | 6279.2 | 1254 | 1172 | 58 | 1 | 22 | 1 |

尽管河渠排沥工程的设计初衷是用于汛期的排泄洪涝，但由于邯郸水资源日渐匮乏，这些排水河系和排水渠系逐渐被用作调蓄河道。2006年以来，邯郸市大力实施东部平原水网工程，以上述河渠排沥工程为基础，通过水网工程措施将水库、灌渠、排渠联为一体，在东部平原构建起一个"纵横交织、河渠畅通、节节拦蓄、余缺互补"的生态水网，实现漳河水源、引黄水源、卫河水源的互连互通、互济互补，大大提高了地表水的利用率。生态水网运行以来，累计供水20.4亿 m³，灌溉农田1200多万亩，补充地下水约3.8亿 m³。

## 3.3.3　引黄提卫入邯和引黄入冀

### 3.3.3.1　引黄入邯提卫工程

引黄入邯提卫是引黄入冀西线工程的一期工程，总投资7300余万元。工程巧妙借用河南88km濮清南干渠，用较短的工期完成了穿卫倒虹吸以及区域6.2km新开、整修引渠等节点工程，于2011年11月23日起正式通水，使阔别40年的黄河水再次润泽燕赵大地。

引黄入邯工程，通过濮阳引黄灌区引调黄河水，再穿卫河后入东风渠，并将以东风渠和老漳河为供水的主干渠道。通过渠道的疏浚整修，新建魏县北张庄提水泵站等水利枢纽建筑物，利用魏大馆排水渠、民有总干渠（含民有三干渠、民有三分干渠）、老沙河（安寨渠）、含小引河在内的超级支渠、沙东干渠、西支渠、王封干渠及其配套渠道工程，形成邯郸东部邱县、曲周、肥乡、广平、馆陶、大名、魏县7县引黄灌溉体系。工程用于东风渠以东地区的农业灌溉用水、生态用水及区域地下水的补充，工程自通水以来，累计引水超过3亿 m³，灌溉农田近300多万亩，受水区面积达3000万 km²，共近80万人口、30余乡镇、400多个自然村受益，有力支撑保障了区域的经济发展。引黄入邯水系分布及受水区如图3-6所示。

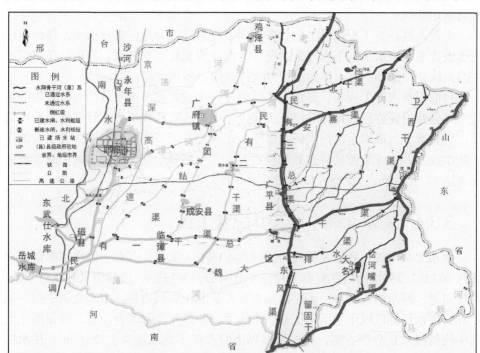

图 3-6 引黄入邯水系及受水区示意

### 3.3.3.2 引黄入冀工程

引黄入冀补淀工程主要是在兼顾河南、河北沿线部分地区农业用水的前提下，为白洋淀实施生态补水。输水线路为自河南省濮阳市渠村引黄闸引水，入南湖干渠后穿金堤河，沿第三濮清南干渠经顺河闸、范石村闸，走第三濮清南西支至阳邵节制闸，向西北自清丰县南留固村穿卫河入东风渠支漳河、老漳河、滏东排河、北排河、紫塔干渠、古洋河、小白河等最终入白洋淀。输水线路途经河南、河北2个省6个市（濮阳市、邯郸市、邢台市、衡水市、沧州市、保定市），22个县市区（濮阳县、清丰县、南乐县、魏县、广平、肥乡、曲周、广宗、平乡、巨鹿、宁晋、新河、冀州市、桃城区、武邑、武强、泊头市、献县、肃宁、河间、高阳、任丘市）。工程全部为自流引水，线路总长481km，其中河南省境内为84km，河北省境内398km。工程区位于河南东北部、河北中南部，沿线主要为平原地貌，交通便利。2010年底引黄入邯提卫工程的开通，为引黄入冀补淀工程渠首至东风渠段线路奠定了基础；2004 年引岳济淀工程的实施为本工程东风渠至白洋淀线路奠定基础。

引黄入冀补淀工程建设主要任务为向工程沿线部分地区农业供水，缓解沿线地区农业灌溉缺水及地下水超采状况；为白洋淀实施生态补水，保持白洋淀湿地生态系统良性循环；并可作为沿线地区抗旱应急备用水源。

目前引黄入冀工程项目建议书已经通过国家发展和改革委员会与财政部的审批，可行性论证亦已获批，并已开工建设。引黄入冀西线工程一旦通水，按照规划，引黄提卫入邯水量将得到极大保障，东风渠及老漳河届时将成为大引黄的主干输水线路，入境的流量将达到每秒百万，其中邯郸东部平原的引黄控制灌溉面积将达 11 余万 $hm^2$，受益人口增加近 100 万人。

## 3.3.4　南水北调中线及其配套工程

南水北调中线是我国实施的跨流域调水的重大工程，其总干渠在邯郸市域全长约 80 km。邯郸境内引江配套工程供水范围如图 3-7 所示，西起南水北调总干渠，南至河北、河南两省交界，东至山东省交界，北至邯邢边界。南水北调中线一期工程的供水目标以城市生活、工业供水为主，兼顾生态和农业用水。根据南水北调中线沿线水量分配方案，分配给邯郸市的多年平均水量为 3.52 亿 $m^3$。供水区总控制面积为 7384 $km^2$，包括邯郸市区及东部平原的 13 个县均有涉及，其中滏阳河平原 2284 $km^2$、漳卫河平原 2284 $km^2$、黑龙港平原 2816 $km^2$。南水北调中线工程在邯郸地区境内共设有 6 个分水口门，由南向北依次为于家店分水口、白村分水口、下庄分水口、郭河分水口、三陵分水口和吴庄分水口。

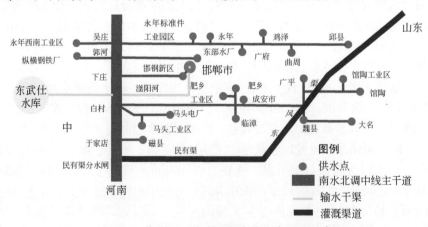

图 3-7　邯郸地区南水北调中线配套工程示意

## 3.3.5　地下水压采和节水灌溉工程

### 3.3.5.1　地下水压采

由 3.1.2 节可知，目前邯郸东部平原供水水源仍以地下水为主，区域地下水超采形势依然严重。为加快区域地下水超采区的治理，有效遏制超采，修复地下水环境，改善农业环境，推进水生态文明建设，实现华北地区的水资源可持续利用以及经济的可持续发展，2014 年起，国家发展改革委员会会同国家财政部在河北省衡水、沧州、邯郸、邢台四个地区的平原区规划实施了地下水超采区治理方案，其中邯郸地区的地下水超采治理的重点县为东部平原的临漳、成安、肥乡、鸡泽、邱县、馆陶、大名、魏县、曲周、广平和永年共 11 个县。2015 年，河北省新增石家庄地区；邯郸市则新增了邯郸县和磁县两个重点县。

地表、地下水的置换是地下水压采的前提，没有替代水源，地下水压采任务将难以完成，因此引黄、引江水量的保障是实施地下水压采方案的关键。规划指出，到 2017 年全部建成南水北调、引黄入冀等地表水替代水源工程，完成地下水的置换，区域的整体节水能力大幅提升；通过调整农业种植结构、优化农业灌溉供水结构，进一步压减地下水开采量；届时，将基本实现地下水采补平衡，地下水超采状况得到有效遏制。规划要求，到 2017 年整个区域压采率达到 87%；其中，重点治理区域地下水压采率达到 96%。

### 3.3.5.2　节水灌溉工程

由于地理位置和配置工程前期规划不到位等各种原因，引黄水、引江水并不能遍及东部平原的全部区域，当地地表水供给不到位且不能引到外调水的小部分区域，要想实现地下水的压采任务，必须实施高效节水灌溉工程才能降低地下水的取水量。

因此，高效节水灌溉工程项目按照"集中连片成规模、效果好、能推广"的原则，布设在研究区域内，并以浅层地下水漏斗区为重点区域，且选择适宜喷灌和微灌的土质条件、县乡积极性高、土地流转好地块来实施。根据有关规划（邯郸市水利局，2014a），邯郸东部区域安排"七大区域"实施节水灌溉，每个区域面积不小于 50 km²，截至 2015 年区域共计新增 1.53 万 hm² 高效节水面积，节水灌溉工程的具体情况见表 3-11。

**表 3-11  邯郸东部平原 2014 年地下水超采综合治理节水灌溉工程**

| 区号 | 面积 (km²) | 其中新增面积 (km²) | 范围 | 主要水利工程 | 水源 |
|---|---|---|---|---|---|
| 1 | 90 | 25 | 临漳、成安、肥乡（天台山） | 民有北干渠、七支渠、九支渠、团结东干渠 | 岳城水库 |
| 2 | 80 | 20 | 永年广府周围（包括东杨庄） | 滏阳河西八闸、幸福渠、滏安渠、团结渠 | 滏阳河 |
| 3 | 75 | 15 | 魏县军留 | 卫河、军留干渠、东风渠 | 卫河、黄河 |
| 4 | 75 | 20 | 大名窑厂、岔河咀灌区 | 卫河、小引河、窑厂干渠、岔河咀干渠 | 卫河、黄河 |
| 5 | 50 | 15 | 馆陶卫西灌区 | 卫运河、卫西干渠、罗头干渠 | 卫运河 |
| 6 | 160 | 110 | 魏县、广平、肥乡、曲周、鸡泽、邱县 | 东风渠、滏阳河、老潭河、老沙河 | 卫河、黄河、滏阳河 |
| 7 | 55 | 10 | 临漳、魏县 | 六分干渠、南分支渠、北分支渠、有阁刘支渠、马荒支渠 | 岳城水库 |
| 合计 | 585 | 215 | — | — | — |

## 3.3.6  非常规水源供水工程

邯郸东部平原非常规水源由雨洪资源、微咸水资源和再生水资源构成。

### 3.3.6.1  雨洪资源和微咸水利用

**1. 雨洪资源利用**

区域雨洪资源利用主要是想办法增加区域雨洪水的调蓄能力。在区域原有主要河流、引黄入邯工程及其配套沿线和排水渠系的基础上，通过谋划建设一批调蓄工程，增加区域总体蓄水能力。首先认真研究岳城、东武仕、车谷、口上等大中型水库水文和工程资料，积极推进汛限水位提高，增加兴利库容，增加洪水资源利用；其次，利用东部原有的旧砖窑并整修平原生态湖、整修新建田间坑塘，增加汛期地表径流和非灌溉期引水流量，截至现状年，新增 0.6 亿 m³ 蓄水容量和 1.5 亿 m³ 的调节能力。通过上述不同措施，最大限度拦蓄漳河和卫河的错峰水和雨洪水，提高雨洪资源的利用率。

**2. 微咸水资源利用**

邯郸东部平原散布有一定数量咸水（见图 3-3）和微咸水，其中微咸水主要分布于邯郸县的东部，永年县东南角，肥乡县北部，广平县县城南部及东部，鸡泽县县城东部，曲周县县城北部、西南角部分区域，邱县县城的西部、南部、东南部，魏县北部，大名县县城东部以及馆陶县县城西南角和西部等区域。

现状年，微咸水资源利用主要是以咸淡水混合灌溉农田的方式，主要分布在永年县、鸡泽县、成安县、广平县、肥乡县以及馆陶县，总的微咸水用水量为 0.3 亿 m³（表 3-3）。未来，随着地下水压采的实施，微咸水将规划用在市区及东部各县城镇的道路洒水、绿化等城市环境用水以及洗车、冲厕等生活用水上。

### 3.3.6.2  再生水资源利用和污水厂改扩建工程

再生水资源是城镇供水重要的辅助水源，其利用率的提高不仅可以缓解区域需水压力，还可以有效控制污染物的排放和改善区域的水环境和水生态。现状年，邯郸东部平原利用再生水约 0.52 亿 m³，各县利用情况见表 3-3。随着三条红线和最严格水资源管理的实施以及水生态文明城市的建设，区域正在进行污水处理厂的改扩建工程，2015 年工程结束后，区域将增加污水日处理能力 75.31 L/d，新增管道总长达 668.12km（邯郸市城市建设管理局，2010），各县污水处理厂的处理能力具体见表 3-12。

**表 3-12  邯郸东部平原污水处理厂处理能力一览**　　　　　（单位：L/d）

| 区域 | 原有工程处理能力 | 新增工程处理能力 | 新增后合计 |
|---|---|---|---|
| 市区 | 13 | 16 | 29 |
| 磁县 | 3 | 3 | 6 |
| 邯郸县 | 5 | 6 | 11 |
| 永年 | 3 | 10 | 13 |
| 曲周 | 3 | 0 | 3 |
| 鸡泽 | 4.2 | 0 | 4.2 |
| 临漳 | 3 | 5 | 8 |
| 成安 | 3 | 8 | 11 |
| 魏县 | 3 | 2.5 | 5.5 |
| 广平 | 3 | 2 | 5 |
| 肥乡 | 3 | 8.8 | 11.8 |
| 大名 | 2 | 3 | 5 |
| 馆陶 | 3 | 6 | 9 |
| 邱县 | 3 | 5 | 8 |
| 合计 | 54.2 | 75.3 | 129.5 |

# 3.4 小　　结

1）首先介绍了研究区域——邯郸东部平原的自然地理、气象水文、河流水系、水文地质及人口经济等基本概况。其次，解析了区域的水资源供用情况：现状年总供用水 19.59 亿 m³，其中，地下水 12.99 亿 m³，占总供水量的 66.31%；农业用水量（含农村生活）为 16.22 亿 m³，占总用水量的 82.78%，且 70.96% 的供给水源为地下水。现状年区域供用水情况表明邯郸东部平原的供水结构极不合理。

2）阐述了邯郸东部平原 1469~2007 年间发生的七场典型特大旱灾；根据历史资料和降水数据，参考相关标准，制定了区域历史干旱事件等级；基于此等级绘制了邯郸历史干旱图谱。

3）详细剖析了邯郸东部平原的多水源调配体系，并阐述了构成中蓄、引、提、排等当地地表水工程，引黄提卫、引江等外调水工程，地下水压采工程和高效节水灌溉工程以及雨洪资源、微咸水和再生水等非常规水源的利用情况。

# |第 4 章| 研究区域模型构建

分布式水文模型在分析大气水—地表水—土壤水—地下水的动态转化上发挥着重要作用，是研究土壤水动态变化的重要工具。利用耦合了地下水数值模拟的分布式水文模型 MODCYCLE 对研究区的水循环进行过程模拟，以便在区域水循环的全过程中分析土壤水的变化，为区域的农业干旱评估提供有力支持。本章分为三个部分：第一节介绍 MODCYCLE 的整体结构和有关原理；第二节针对典型区进行模型数据库的构建；第三节则以现状数据为基础进行模型参数率定和模型验证，确保模型在模拟研究区水循环中的可靠性。

## 4.1 MODCYCLE 模型概况

MODCYCLE 模型是国家海河 973 项目中的重要原创性成果，可以反映水循环在人类活动影响下的响应。该模型结构合理、功能全面，而且计算效率高、可扩展性强，是研究水循环及其伴生过程的有力工具（陆垂裕等，2011）。

### 4.1.1 模型结构

作为一套具有物理机制的综合性分布式水文模型，MODCYCLE 模型结构合理，具体表现如下：水平结构上，模型根据 DEM 和实际河道将流（区）域划分为若干不同的子流域，子流域内部再根据土地利用/覆被类型、土壤类型和农作物管理方式进一步划分为若干不同的基础模拟单元，沼泽、湿地、池塘、湖泊等自然水体可以包含其中，子流域则通过各级河道连接起来，从上游向下游逐级别汇流；垂直结构上，以基础模拟单元为单位，将土壤水分为若干土壤层进行模拟，土壤层以下地下水含水层分为浅层地下水和深层地下水两层。

水循环模拟功能上，MODCYCLE 模型可以开展区域/流域水循环两大过程的模拟：陆面过程和河网过程。其中陆面过程包括降水截留、壤中流、入渗、渗漏、蒸发、蒸腾、地下水流等大部分的水文过程；河网过程则是陆面径流汇入河网系统，并通过各级河道的演进，流出流域出口的过程，该过程也包括降水、蒸发、渗漏等过程。除了上述自然水文过程，还包括人类活动对水循环的影响：作物的种植/收割、农业灌溉取水、水库出流控制、点源退水、工业/生活用水、水库—河道之间的调水、湖泊/湿地的补水、城市区水文过程模拟等。MODCYCLE 模型演示的完整水循环路径如图 4-1 所示。

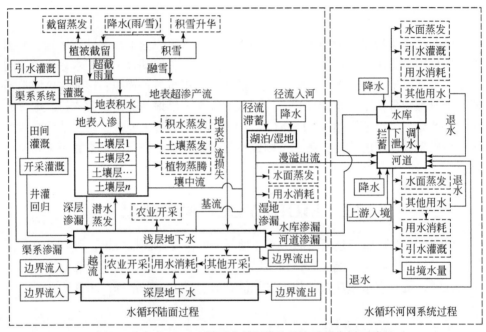

图 4-1　MODCYCLE 模型水循环模块及演示的水循环路径

　　模型庞杂的模拟功能需要有清晰条理的模块组成结构和管理体系予以支持，因此模型采用了面向对象的模块化程序设计，其模块组成结构如图 4-2 所示。MODCYCLE 模型由两大基本模块群组成：Cbasin 和 Cdata。这两个模块群是模型程序的基本组成结构，是模型发挥各种功能的基础。但是模型基本结构尚不能满足本书的需求，因此，为了发挥水循环模拟模型在评价农业干旱中的作用，本书在原有模型 1.5 版本的基础上，根据需要，扩展了干旱评价模块群（CDrought）。这也是本书在模型改进上的重要创新点之一。

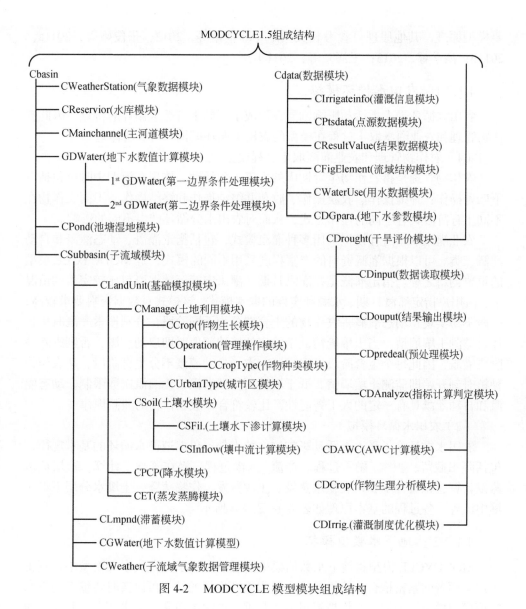

图 4-2　MODCYCLE 模型模块组成结构

## 4.1.2　模型原理

MODCYCLE 模型可以模拟水循环的各个环节，每个环节都有对应的数学模型来刻画，模型原理较为复杂。由于篇幅所限，本书只给出该项研究所涉及的主要模型原理，其他原理可参考相关文献（陆垂裕等，2012；张俊娥等，2011a，2011b；高学睿，2013；王润东等，2011）。

### 4.1.2.1 农田水循环模拟

农田水循环受人类活动影响剧烈，形成了不同于自然水循环的特点，因此农作物管理和农业灌溉取水过程在模型的农田水循环模拟中均有所体现。

（1）农作物管理和农业灌溉取水过程模拟

农作物管理是指农作物生育期内的人工干预活动，体现在模型中时可包括以下四种操作：种植操作、收获操作、收获并终结操作和终结操作。不同农作物在不同生育阶段具有不同的操作方式，从而对农田水分循环产生不同的影响。

农业灌溉取水过程模拟采用多种灌溉模式，包括指定灌溉、动态灌溉和自动灌溉三类。可以根据灌溉资料的丰富程度采用不同的模式，是 MODCYCLE 模型的重要创新之一。指定灌溉是在灌溉日期、灌溉定额等数据资料比较完整的情况下，由用户指定灌溉日期、水源和定额的取水模式，该模式对数据资料要求较高，一般不易实现；动态灌溉将农作物的生育期分为不同阶段，分别搜索灌溉时机，逐日监测土壤墒情，当土壤墒情低于给定的墒情阈值时即启动灌溉，否则废除该阶段灌溉，因此每个生育阶段最多灌溉一次；自动灌溉不分生育阶段，从农作物种植时刻开始即监测土壤墒情，低于墒情阈值即灌溉，无灌溉次数限制。动态灌溉和自动灌溉具有一定的人工智能性，比较符合一般农作物的灌溉规律。

（2）农田水循环模拟

农田水循环除了受人类活动影响这一特点外，仍然遵循水循环的基本规律，包括降水截留、积雪/融雪过程、产流/入渗过程、潜在蒸腾发计算、冠层截留蒸发计算、积雪升华和地表积水蒸发、土壤蒸发、作物蒸腾、土壤水分层下渗、壤中流等，各过程的基本原理如表 4-1~ 表 4-4 所示。

### 4.1.2.2 地下水数值模拟

MODCYCLE 模型将地下水数值模拟模型纳入到了分布式水文模型中，真正实现了两者的紧密耦合。这样的优点是水循环模拟的结果可以实时传输至地下水数值模拟模块，为地下水模拟提供输入数据，如深层渗漏、潜水蒸发、基流等地下水源汇项。地下水模拟的结果，如地下水埋深、地下水位空间分布等，为水循环模拟提供输入数据。两者间信息的实时互馈提高了水循环和地下水模拟的精度。其中地下水数值模拟模型基于三维地下水动力学方程，如式（4-1）所示。

**表 4-1 MODCYCLE 模型降水、冠层截留、积/融雪过程原理**

| 序号 | 水分循环过程 | 定义 | 公式 | 说明 |
|---|---|---|---|---|
| 1 | 降雨过程 | 降雨/降雪统称为降水过程，是水分进入陆面水循环过程的主要方式 | $i(T)=\begin{cases} i_{\mathrm{mx}} \cdot \exp\left[\dfrac{T-T_{\mathrm{peak}}}{\delta_1}\right], & 0 \leq T \leq T_{\mathrm{peak}} \\[2mm] i_{\mathrm{mx}} \cdot \exp\left[\dfrac{T_{\mathrm{peak}}-T}{\delta_2}\right], & T_{\mathrm{peak}} < T < T_{\mathrm{dur}} \end{cases}$ | $i(T)$ 表示降雨强度，单位 mm/h；$i_{\mathrm{mx}}$ 表示降雨强度的峰值，单位 mm/h；$T_{\mathrm{peak}}$ 表示降雨达到峰值的时间，单位 h；$T_{\mathrm{dur}}$ 表示降雨持续时间，单位 h；$\delta_1$ 和 $\delta_2$ 表示双曲指数函数方程 $i(T)$ 的因子，单位 h |
| 2 | 冠层截留过程 | 对于农田来说，降水在落到地面之前会被农田的作物叶面截获一部分水分，称之为冠层截留 | $can_{\mathrm{day}}=can_{\mathrm{mx}} \cdot \dfrac{\mathrm{LAI}}{\mathrm{LAI}_{\mathrm{mx}}}$ | $can_{\mathrm{day}}$ 表示第 day 天田间作物天田间作物最大冠层截留量，单位 mm；$can_{\mathrm{mx}}$ 表示作物生长期内最大冠层截留量，单位 mm；LAI 表示第 day 天田间作物的叶面积指数；$\mathrm{LAI}_{\mathrm{mx}}$ 表示田间作物生长期内的最大叶面积指数 |
| 3 | 积雪/融雪过程 | MODCYCLE 模型中，通过当天的日平均气温来判断降水的形式是降雨或者降雪。模型事先需要获得降雪温度阈值，如果当天的平均气温低于降雪温度阈值，则模型认为当天的降水形式是降雪，否则认为当天的降水形式是降雨 | $\mathrm{SNO}_{\mathrm{day}+1}=\mathrm{SNO}_{\mathrm{day}}+R_{\mathrm{day}}-E_{\mathrm{sub}}-\mathrm{SNO}_{\mathrm{mlt}}$ <br><br> $\mathrm{SNO}_{\mathrm{mlt}}=b_{\mathrm{mlt}} \cdot sno_{\mathrm{cov}} \cdot \left[\dfrac{T_{\mathrm{snow}}+T_{\mathrm{mx}}}{2}-T_{\mathrm{mlt}}\right]$ <br><br> $b_{\mathrm{mlt}}=\dfrac{(b_{\mathrm{mlt6}}+b_{\mathrm{mlt12}})}{2} \cdot \left[\sin\left(\dfrac{2\pi}{365} \cdot (d_n-81)\right)+1\right]$ | $\mathrm{SNO}_{\mathrm{day}}$ 表示第 day 天农田的积雪量，单位 mm；$R_{\mathrm{day}}$ 表示第 day 天农田的降雪量，单位 mm；$E_{\mathrm{sub}}$ 表示第 day 天农田的积雪升华量，单位 mm；$\mathrm{SNO}_{\mathrm{mlt}}$ 表示第 day 天农田的融雪量，单位 mm <br> $\mathrm{SNO}_{\mathrm{mlt}}$ 表示当天农田的融雪量，单位 mm；$b_{\mathrm{mlt}}$ 表示当天的融雪因子，单位 mm/℃；$sno_{\mathrm{cov}}$ 表示当天雪积雪覆盖度；$T_{\mathrm{mx}}$ 表示当天最高气温，单位 ℃；$T_{\mathrm{mlt}}$ 表示融雪的基温，单位 ℃ <br> $b_{\mathrm{mlt6}}$ 表示 6 月 21 日夏至日的融雪因子，单位 mm/℃；$b_{\mathrm{mlt12}}$ 表示 12 月 21 日冬至日的融雪因子，单位 mm/℃；$d_n$ 表示当天的日序数 |

表 4-2 MODCYCLE 模型产流/入渗过程原理

| 序号 | 水分循环过程 | 定义 | 公式 | 说明 |
|---|---|---|---|---|
| 4 | 产流入渗过程 | MODCYCLE 模型利用 Green-Ampt 方程对农田产流/入渗过程进行模拟，同时，加入人类活动对地表积水的影响 | $$f_{inf,t} = K_e \cdot \frac{F_{inf,t} + \psi_{wf} \cdot \Delta\theta_v}{F_{inf,t}}$$ $$F_{inf,t} = F_{inf,t-1} + K_e \cdot \Delta t + \psi_{wf} \cdot \Delta\theta_v \ln\left[\frac{F_{inf,t} + \psi_{wf} \cdot \Delta\theta_v}{F_{inf,t-1} + \psi_{wf} \cdot \Delta\theta_v}\right]$$ | $f_{inf,t}$ 为 $t$ 时刻的水分入渗率，单位 mm/h；$K_e$ 为土壤水力传导度，单位 mm/h；$\psi_{wf}$ 为土体湿润峰处的土壤水负压，单位 mm；$\Delta\theta_v$ 为湿润峰两端的土壤含水率差值，单位 mm/mm；$F_{inf,t}$ 为 $t$ 时刻的累积入渗量，单位 mm；$F_{inf,t-1}$ 为前一时刻的累积入渗量，单位 mm；$R_{\Delta t}$ 为时段 $\Delta t$ 内的净雨量，单位 mm |
| | | 根据强人类活动农田的特性对 Green-Ampt 模型进行了改进，加入了地表积水对产流/入渗的影响过程 | $$R_{day} = Pcp_{day} + Irri_{day} - F_{inf,day}$$ $$Pnd_{day} = Pcp_{day} + Irri_{day} - F_{inf,day}$$ $$\begin{cases} R'_{day} = Pnd_{day} - Pnd_{mx}, & Pnd_{day} > Pnd_{mx} \\ R'_{day} = 0, & Pnd_{day} \leq Pnd_{mx} \end{cases}$$ | $R_{day}$ 表示未考虑农田积水过程时第 day 天的地表产流量，单位 mm；$Pcp_{day}$ 表示第 day 天的净雨量，单位 mm；$Irri_{day}$ 表示第 day 天的灌溉量，单位 mm；$F_{inf,day}$ 表示第 day 天的地表入渗量，单位 mm；$Pnd_{day}$ 表示第 day 天天末的潜在积水量，单位 mm；$Pnd_{mx}$ 表示考虑地表农田积水过程后第 day 天末的最大积水深度，单位 mm；$R'_{day}$ 表示产流流量，单位 mm，本书采用 $R'_{day}$ 的计算公式进行产流模拟 |

表 4-3 MODCYCLE 模型蒸发蒸腾过程原理

| 序号 | 水分循环过程 | 定义 | 公式 | 说明 |
|---|---|---|---|---|
| 5 (1) | 作物潜在蒸腾蒸发计算 | 模型通过计算参考作物蒸发蒸腾量来确定潜在蒸发蒸腾量 | $r_a = \dfrac{114}{u_z}$；$r_c = \dfrac{r_l}{0.5 \cdot LAI} = 49$ <br><br> $E_0 = \dfrac{\Delta \cdot (H_{nwt} - G) + \gamma \cdot K_1 \cdot \left(0.622 \cdot \lambda \cdot \dfrac{\rho_{air}}{P}\right) \cdot (e_z^0 - e_z)/(114/u_z)}{\lambda \cdot [\Delta + \gamma \cdot (1 + 0.43 \cdot u_z)]}$ | $r_a$ 表示空气动力学阻抗，单位 S/m；$u_z$ 表示离作物 z 高度处的风速，单位 m/s；$r_l$、$r_c$ 分别表示植被阻抗和最小叶面面阻抗，单位均为 S/m <br><br> $E_0$ 为模拟时间段内的参考作物腾发量，单位 mm；$\Delta$ 表示饱和气压—温度曲线的斜率，单位 KPa/℃；$H_{nwt}$ 为蒸散发界面接收的净辐射，单位 MJ·m²/d；$G$ 为地中热通量，单位 MJ·m²/d；$\gamma$ 为湿度表常数，单位 kPa/℃；$\rho_{air}$ 表示空气密度，单位 kg/m³；$K_1$ 是单位转换系数，取值 8.64×10⁴；$\lambda$ 为潜热蒸发，单位 MJ/kg；$P$ 代表蒸散发表面的大气压，单位 kPa；$e_z^0$ 为蒸散发界面高度为 z 处的饱和水汽压，单位 kPa；$e_z$ 表示高度 z 处的实际水汽压，单位 kPa；$u_z$ 表示高度 z 处的风速，单位 m/s |
| 5 (2) | 冠层截留蒸发计算 | MODCYCLE 模型中假设蒸发蒸腾首先消耗植被的降雨截留 | $E_a = E_{can} = E_0$，$E_0 < R_{int}$ <br> $E_{can} = R_{int}$，$E_0 \geq R_{int}$ | $E_a$ 为当天的实际腾发量，单位 mm；$E_{can}$ 表示农田作物冠层截留水分的实际腾发量，单位 mm；$E_0$ 表示当天的潜在腾发量，单位 mm；$R_{int}$ 表示作物冠层截留量，单位 mm |

多水源调配体系下区域农业干旱的定量评估

| 序号 | 水分循环过程 | 定义 | 公式 | 说明 |
|---|---|---|---|---|
| 5 (3) | 积雪升华和地表积水蒸发 | 当天的参考作物腾发，通过扣除植被截留放截留后，数修正后地表积雪潜在蒸发量<br><br>积雪升华和地表积水蒸发：计算完之后，若地表发能力尚有剩余，则继续进行积水蒸发计算 | $E_s = E'_0 \cdot \mathrm{cov}_{sol}$<br><br>$\mathrm{cov}_{sol} = \exp(-5.0 \times 10^{-5} \cdot CV)$<br><br>$E'_s = \min\left[E_s, \dfrac{E_s \cdot E'_0}{(E_s + E_t)}\right]$<br><br>① $\begin{cases} E_{sn}(\mathrm{day}) = E_s(\mathrm{day}), & SN(\mathrm{day}) > E_s(\mathrm{day}) \\ E_{sn}(\mathrm{day}) = SN(\mathrm{day}), & SN(\mathrm{day}) \leq E_s(\mathrm{day}) \end{cases}$<br>$E'_s(\mathrm{day}) = E_s(\mathrm{day}) - E_{sn}(\mathrm{day})$<br><br>② $\begin{cases} E_{sp}(\mathrm{day}) = E'_s(\mathrm{day}), & SP(\mathrm{day}) > E'_s(\mathrm{day}) \\ E_{sp}(\mathrm{day}) = SP(\mathrm{day}), & SP(\mathrm{day}) \leq E'_s(\mathrm{day}) \end{cases}$ | $E_s$ 表示修正后的地表潜在蒸发量，单位 mm；$E'_0$ 表示剩余蒸发能力，$E'_0 = E_0 - E_{can}$，单位 mm；CV 表示农田地表生物和植物残余量，单位 kg/hm²，如果地表积雪当量大于 0.5mm，则取 $\mathrm{cov}_{sol} = 0.5$；$E'_s$ 表示当天的参考作物蒸腾能力，单位 mm，用 $E'_s$ 来修正作物蒸腾在盛期（夏季）仅当地表蒸腾的旺期；$E_t$ 表示当天当天的作物潜在蒸腾量，单位 mm<br><br>$E_{sn}(\mathrm{day})$ 表示第 day 天的积雪升华量，单位 mm；$E_s$ 表示第 day 天修正后的潜在地表蒸发量，单位 mm；SN(day) 表示第 day 天的地表积雪当量，单位 mm。当农田表面积雪升华计算完（即①）之后，若农田田面仍有积水，则进行积水蒸发计算（即②）。在此，$E'_s(\mathrm{day})$ 表示第 day 天的扣除积雪升华后剩余的潜在蒸发能力，单位 mm；$E_{sp}(\mathrm{day})$ 表示第 day 天的地表蒸发能水蒸发量，单位 mm；SP(day) 表示第 day 天的地表积水量，单位 mm |

续表

| 序号 | 水分循环过程 | 定义 | 公式 | 说明 |
|---|---|---|---|---|
| | | | $$E_{soil,\,z} = E'_s \cdot \frac{z}{z + \exp(2.374 - 0.007\,13 \cdot z)}$$ $$E_{soil,\,ly} = E_{soil,\,al} - E_{soil,\,zu}$$ | $E_{soil,\,z}$ 表示从农田田面开始到埋深 $z$ 处土壤的潜在蒸发量，单位 mm；$E'_s$ 表示当天地表潜在土壤的潜在蒸发能力，单位 mm；$E_{soil,\,ly}$ 表示分配在该层土壤的潜在蒸发量，单位 mm；$E_{soil,\,al}$ 表示分配到该层土壤底层边界层处在该潜在蒸发量，单位 mm；$E_{soil,\,zu}$ 表示分配到该层土壤顶层处的土壤的潜在蒸发量，单位 mm |
| 5 (4) | 土壤蒸发 | 如果农田地表积水蒸发完当天的地表潜在蒸发能力还有剩余，将作用于农田土壤进行土壤蒸发过程 | $\begin{cases} E'_{soil,\,ly} = E_{soil,\,ly} \cdot \exp\left(2.5 \cdot \left(\dfrac{SW_{ly} - FC_{ly}}{FC_{ly} - WP_{ly}}\right)\right), & SW_{ly} < FC_{ly} \\[2ex] E'_{soil,\,ly} = E_{soil,\,ly}, & SW_{ly} \geqslant FC_{ly} \\[2ex] E''_{soil,\,ly} = \min[E'_{soil,\,ly},\ 0.8 \times (SW_{ly} - WP_{ly})] \end{cases}$ | $SW_{ly}$ 表示第 ly 层土壤的实际含水量，单位 mm；$FC_{ly}$ 表示第 ly 层土壤达到田间持水量时的含水量，单位 mm；$WP_{ly}$ 表示第 ly 层土壤达到凋萎点时的含水量，单位 mm；$E'_{soil,\,ly}$ 表示第 ly 层土壤的实际蒸发量，单位 mm；$E_{soil,\,ly}$ 表示分配在第 ly 层土壤的潜在蒸发量，单位 mm；$E''_{soil,\,ly}$ 表示经修正后的第 ly 层土壤当天实际蒸发的水量，单位 mm |

续表

| 序号 | 水分循环过程 | 定义 | 公式 | 说明 |
|---|---|---|---|---|
| 5 (5) | 作物蒸腾 | 模型认为，作物潜在蒸腾能力确定后，也同样需要通过蒸腾分配曲线的方式将其不同分配到作物根系的不同土层中 | $$w_{up,z} = \frac{E_t}{[1-\exp(-\beta_w)]} \cdot \left[1-\exp\left(-\beta_w \cdot \frac{z}{z_{root}}\right)\right]$$ $$w_{up,ly} = w_{up,zl} - w_{up,zu}$$ $$w'_{up,ly} = w_{up,ly} + w_{demand} \cdot epco$$ $$\begin{cases} w''_{up,ly} = w'_{up,ly} \cdot \exp\left[5 \cdot \left(\frac{SW_{ly}}{25 \cdot AWC_{ly}} - 1\right)\right], \\ SW_{ly} < (0.25 \cdot AWC_{ly}) \\ w'_{up,ly}, \ SW_{ly} \geq (0.25 \cdot AWC_{ly}) \end{cases}$$ $$AWC_{ly} = FC_{ly} - WP_{ly}$$ $$w_{actualup,ly} = \min(w''_{up,ly}, SW_{ly} - WP_{ly})$$ $$w_{actualup} = \sum_{ly=1}^{n} w_{actualup,ly}$$ | $w_{up,z}$ 表示当天从农田表面到深度 z 处分配的作物潜在蒸腾量，单位 mm；$E_t$ 表示经修正后作物当天潜在蒸腾量，单位 mm；$\beta_w$ 表示根系生长分布参数；$z_{root}$ 表示作物根系吸收水分布的深度，单位 mm；$w_{up,ly}$ 表示第 ly 土层当天的潜在作物蒸腾量，单位 mm；$w_{up,zl}$ 表示土层底部边界以上区域作物潜在蒸腾量，单位 mm；$w_{up,zu}$ 表示该土层顶部边界以上区域作物潜在蒸腾量，单位 mm；$w'_{up,ly}$ 表示修正后第 ly 土层的潜在作物蒸腾量，单位 mm；$w_{demand}$ 表示土层以上部分含水量与其潜在作物蒸腾量相比的亏缺水量，单位 mm；epco 为补偿因子，其值一般取 0.01～1.0；$w''_{up,ly}$ 表示再修正后第 ly 土层的潜在作物蒸腾量，单位 mm；$AWC_{ly}$ 表示第 ly 土层的对作物可供水能力，单位 mm；$SW_{ly}$ 表示第 ly 土层实际含水量，单位 mm；$FC_{ly}$ 表示 ly 土层田间持水时的含水量，单位 mm；$WP_{ly}$ 表示 ly 土层调萎点时的含水量，单位 mm；$w_{actualup,ly}$ 表示在计算时段内作物第 ly 土层的实际蒸腾吸水量，单位 mm；$w_{actualup}$ 表示作物根系各层总土壤蒸腾吸水量，单位 mm；n 代表作物根系土壤总分层数 |

注：MODCYCLE 模型中对蒸发蒸腾的描述是一个集合的概念，具体包括作物植株蒸腾、表土蒸发、积水蒸发、冠层截留蒸发，积雪升华等 5 种类型

表4-4 MODCYCLE模型土壤水分层及壤中流原理

| 序号 | 水分循环过程 | 定义 | 公式 | 说明 |
|---|---|---|---|---|
| 6 | 土壤水分层下渗 | 进入土壤剖面的水分在重力作用下向下渗透，模型中每层土壤水的下渗过程由田间持水率时的含水量 $FC_{ly}$ 来控制。当土壤含水率超过田间持水率时的含水量度时则开始下渗 | $$\begin{cases} SE_{ly}=SW_{ly}-FC_{ly}, & SW_{ly}>FC_{ly} \\ SE_{ly}=0, & SW_{ly}\le FC_{ly} \end{cases}$$ $$sep_{ly}=SW_{ly}+sep'_{ly-1}-SU_{ly}$$ $$sep'_{ly}=(SE_{ly}-FC_{ly})\cdot\left[1-\exp\left(\frac{-24K_{sat}}{SU_{ly}-FC_{ly}}\right)\right]$$ $$t=2\cdot\frac{sep_{ly}\cdot thick}{K_{sat}\cdot(H_0-thick)}$$ $$\begin{cases} sep'_{ly}=K_{sat}\cdot\dfrac{24\cdot H_0\cdot t-288\cdot(H_0-thick)}{t\cdot thick}, & 若\ t\ge24h \\ sep'_{ly}=sep_{ly}+(SW_{ly}-FC_{ly})\cdot\left[1-\exp\left(\dfrac{(t-24)\cdot K_{sat}}{SU_{ly}-FC_{ly}}\right)\right], & 若\ t<24h \end{cases}$$ | $SE_{ly}$ 表示计算时段内第 ly 土层可排走的水量，单位 mm；$SW_{ly}$ 表示第 ly 层土壤含水量，单位 mm；$FC_{ly}$ 表示第 ly 层土壤达到田间持水率时的含水量，单位 mm；$sep_{ly}$ 为第 ly 层土壤的下渗水量，单位 mm；$sep'_{ly}$ 为第 ly 层计算时段内潜在强迫排水量，单位 mm；$sep'_{ly-1}$ 为第 ly−1 层土壤的实际排水量，单位 mm；$K_{sat}$ 表示土层饱和导水率，单位 mm；$SU_{ly}$ 表示土层饱和时土壤的含水量，单位 mm；thick 表示该土层厚度，单位 mm；$t$ 为排水时间，单位 h；$H_0$ 表示水初始时刻压力水头，单位 mm；$sep'_{ly}$ 表示第 ly 土层计算时段内实际排水量，单位 mm |
| 7 | 壤中流 | 降雨垂直下渗遇到不透水层时，水分将在不透水层上方聚集，形成一定的饱和水区，或者称为上层滞水流面，称之为壤中流 | $$Q_{day}=0.024\cdot\left(\frac{2\cdot SW_{ly,excess}\cdot K_{sat}\cdot s|p}{\varphi_d\cdot L_{ill}}\right)$$ | $Q_{day}$ 表示第 day 天山坡的壤中流排水量，单位 mm；$s|p$ 表示山坡的平均坡度，单位 mm；$SW_{ly,excess}$ 表示第 ly 土层土壤中流储水层的可排水量，单位 mm；$\varphi_d$ 表示土壤的孔隙度 |

$$\frac{\partial}{\partial x}\left(K_{xx}\frac{\partial h}{\partial x}\right) + \frac{\partial}{\partial y}\left(K_{yy}\frac{\partial h}{\partial y}\right) + \frac{\partial}{\partial z}\left(K_{zz}\frac{\partial h}{\partial z}\right) - W = S_{s}\frac{\partial h}{\partial t} \qquad (4\text{-}1)$$

式中，$K$ 为渗透系数，沿 $x$、$y$ 和 $z$ 方向的分量分别为 $K_{xx}$，$K_{yy}$ 和 $K_{zz}$（量纲为 L/T）；$h$ 为水头高程（量纲为 L）；$W$ 表示含水层某处单位体积的流量，为来自源汇处的水量（量纲为 1/T）；$S_{s}$ 为含水层某处贮水率（量纲为 1/L）；$t$ 为时间（量纲为 T）。

　　三维含水层系统中，以边长为 1 个单位的计算单元（$i$，$j$，$k$）为例，如图 4-3 所示，与计算单元相邻的六个单元为（$i$-1，$j$，$k$）、（$i$，$j$-1，$k$）、（$i$，$j$，$k$-1）、（$i$+1，$j$，$k$）、（$i$，$j$+1，$k$）和（$i$，$j$，$k$+1）。根据达西定律的基本渗流原理，从计算单元（$i$，$j$-1，$k$）流入计算单元（$i$，$j$，$k$）的流量为

$$q_{i,j-\frac{1}{2},k} = KR_{i,j-\frac{1}{2},k}\Delta x\Delta z\frac{h_{i,j-1,k}}{\Delta y} \qquad (4\text{-}2)$$

式中，$h_{i,j,k}$ 和 $h_{i,j-1,k}$ 分别计算单元（$i$，$j$，$k$）和（$i$，$j$-1，$k$）处的水头值；$q_{i,j-\frac{1}{2},k}$ 表示通过计算单元（$i$，$j$，$k$）和（$i$，$j$-1，$k$）之间界面的流量；$KR_{i,j-\frac{1}{2},k}$ 表示地下水流从计算单元（$i$，$j$，$k$）向计算单元（$i$，$j$-1，$k$）流动的渗透系数（量纲为 L/T）；$\Delta x\Delta z$ 为两个计算单元之间的过流断面面积（量纲为 L$^2$）；$\Delta y$ 表示计算单元间距，此处为 1 个单位长度（量纲为 L）。

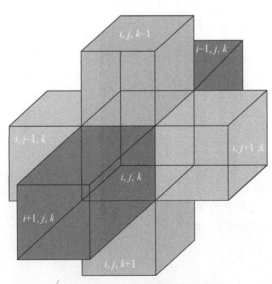

图 4-3　地下水计算单元空间关系

基于上述地下水动力学方程，对含水层采用单元中心有限差分方法进行离散，得到以下矩阵方程：

$$CR_{i,j-\frac{1}{2},k}(h_{i,j-1,k}^m - h_{i,j,k}^m) + CR_{i,j+\frac{1}{2},k}(h_{i,j+1,k}^m - h_{i,j,k}^m) +$$

$$CC_{i-\frac{1}{2},j,k}(h_{i-1,j,k}^m - h_{i,j,k}^m) + CC_{i+\frac{1}{2},j,k}(h_{i+1,j,k}^m - h_{i,j,k}^m) +$$

$$CV_{i,j,k-\frac{1}{2}}(h_{i,j,k-1}^m - h_{i,j,k}^m) + CV_{i,j,k+\frac{1}{2}}(h_{i,j,k+1}^m - h_{i,j,k}^m) +$$

$$P_{i,j,k}h_{i,j,k}^m + QS_{i,j,k} = SS_{i,j,k}(\Delta r_j \Delta c_i \Delta v_k)\frac{h_{i,j,k}^m - h_{i,j,k}^{m-1}}{t_m - t_{m-1}} \quad (4\text{-}3)$$

式中，$CR$、$CC$、$CV$ 分别为行、列、层之间的水力传导系数（量纲为 L/T）；$P$ 为水头源汇项相关系数；$Q$ 为流量源汇项相关系数；$SS$ 为贮水系数；$m$ 代表当前计算的时间层；$m-1$ 代表上一时间层；$S$ 为贮水率（量纲为 1/L）；$\Delta r_j$，$\Delta c_i$，$\Delta v_k$ 分别为以 $i$，$j$，$k$ 为中心的行、列、层的单元间距（量纲为 L）。

对于某一特定含水层，其中地下水流运动除了由水动力学方程描述外，还需要考虑含水层的边界条件。地下水边界条件可分为两类。

第一类边界条件即水头边界，需要明确含水层边界的水头分布规律。如果在边界 $B_1$ 上的点 $(x,y)$ 处 $t$ 时刻的水头值为 $\varphi(x,y,t)$，则第一类边界条件可表示为

$$H\big|_{B_1} = \varphi(x,y,t) \quad (x,y) \in B_1 \quad (4\text{-}4)$$

式中，$\varphi(x,y,t)$ 为 $B_1$ 上的已知函数；$B_1$ 为第一类边界条件。

渗流区边界邻近地表水体（如河流、湖泊、海洋等）时，往往与地表水体存在着水力联系，此时水面高程可近似处理为第一类边界条件。

第二类边界条件即流量边界。该类边界需要明确渗流区边界上单位宽度流量随时间的变化规律。第二类边界条件可表示为

$$T\frac{\partial H}{\partial n}\big|_{B_2} = q(x,y,t) \quad (x,y) \in B_2 \quad (4\text{-}5)$$

式中，$n$ 表示边界 $B_2$ 上某点 $(x,y)$ 处的外法线方向；$q(x,y,t)$ 表示点 $(x,y)$ 处 $t$ 时刻的单位宽度流量；若 $q=0$，则它表示零流量边界。零流量边界一般有两种情况：一是渗流区存在隔水边界；二是渗流区以地下水分水岭为边界。

### 4.1.2.3 水库水量平衡模拟

作为位于流域河道网络上的滞蓄水体，水库不同于池塘、湿地、沼泽、湖泊等自然水体，在 MODCYCLE 模型中被处理为河道汇流节点，但是仍然有别于河道的水循环过程。水库存在较大的蓄水水面，蒸发和渗漏较大，人工集中取水量

也较大。同时人工蓄泄控制也是水库区别于一般河流的重要特点。因此在水循环模拟中需要核算水库的水量平衡。水库水量平衡基本原理如表 4-5 所示。

### 4.1.2.4　模型主要输入 / 输出数据和参数

MODCYCLE 模型模拟水循环过程需要大量的输入数据，包括气象数据（风速、辐射、气温、相对湿度和降水），地下水数值模拟输入数据（水文地质参数、边界条件等），基础模拟单元输入数据（管理参数、属性数据等），人工取用排水数据（工业 / 生活用水量、退水量等），河道 / 水库取水和调水数据，池塘 / 湿地参数，子流域数据等。模型输出数据丰富，包括全区域 / 流域的输出数据，子流域的输出数据，基础模拟单元的输出数据，池塘、湿地、河流、水库的输出数据等。模型完整的输入输出数据和参数如表 4-6 所示。

## 4.1.3　模型特色

MODCYCLE 模型是在"自然 - 社会"二元水循环的理论研究中开发而成，考虑了水循环的强人类活动响应，可以实现大区域 / 流域尺度水循环模拟。模型耦合了地下水数值模拟模型后，进一步强化了模型在地下水模拟中的功能，可以实现地表 / 地下水的耦合模拟。

（1）模型的"自然 - 社会"二元特色

传统水文模型往往刻画自然状态下的水文循环过程，较少涉及人类活动的影响，或者难以将人类活动的过程很好地考虑到水文模拟中。为了克服这一缺陷，同时为了更好地适应自然水循环向二元水循环演化的趋势，开发具有二元特色的水文模型成为大势所趋。MODCYCLE 正是在这种背景下研发而成，具备模拟自然水循环、社会水循环以及两者的伴生过程的能力。

人类活动对自然水循环的干预是模型考虑的重点，其中农业管理是重要内容之一，包括农作物管理、灌溉取水等。模型将农田类型的土地利用方式进一步细化为多种不同的农作物类型，可以考虑作物种植、收割、轮作等；灌溉取水则根据实际灌溉取水模式，考虑了动态灌溉和自动灌溉。人类农业活动对水循环的多种干预在模型中得到充分体现。

除了农业灌溉取水，工业、生活的取水、退水也同样改变了水循环的自然状态。模型取水水源灵活可选，退水点也可根据实际情况指定。水库蓄泄控制及其与不同河流之间的调水、湖泊 / 湿地的补水也在模型中有所考虑。城市区作为人类活动影响水循环最为强烈的土地利用类型，模型对其产汇流机制也做了合理的模拟。

**表 4-5 水库水量平衡原理**

| 序号 | 计算项 | 公式 | 公式解释说明 |
|---|---|---|---|
| 1 | 水库水量平衡 | $V = V_{\text{stored}} + V_{\text{flowin}} - V_{\text{flowout}} + V_{\text{pcp}} - V_{\text{evap}} - V_{\text{seep}} - V_{\text{div}}$ | $V$ 为当天结束时刻水库的蓄水体积，单位 $\text{m}^3$；$V_{\text{stored}}$ 为当天初始时刻水库土的蓄水体积，单位 $\text{m}^3$；$V_{\text{flowin}}$ 为当天从上游河道流入水库的水的体积，单位 $\text{m}^3$；$V_{\text{flowout}}$ 为当天流出水库的水的体积，单位 $\text{m}^3$；$V_{\text{pcp}}$ 为当天降落到水库上的降水量，单位 $\text{m}^3$；$V_{\text{evap}}$ 为当天水库的蒸发水量，单位 $\text{m}^3$；$V_{\text{seep}}$ 为水库的渗漏损失，单位 $\text{m}^3$；$V_{\text{div}}$ 为水库的引水量，包括灌溉引水和工业/生活用水 |
| 2 | 水库面积 | $\text{SA} = \beta_{\text{sa}} \cdot V^{\text{exp sa}}$ | SA 为水库的水表面积，单位 $\text{hm}^2$；$\beta_{\text{sa}}$ 为蓄水系数；$V$ 为水库的蓄水量，单位 $\text{m}^3$；exp sa 为蓄水指数 |
| 3 | 蓄水系数和蓄水指数 | $\begin{cases} \exp \text{sa} = \dfrac{\log_{10}\left(\text{SA}_{\text{em}}\right) - \log_{10}\left(\text{SA}_{\text{pr}}\right)}{\log_{10}\left(V_{\text{em}}\right) - \log_{10}\left(V_{\text{pr}}\right)} \\ \beta_{\text{sa}} = \left(\dfrac{\text{SA}_{\text{em}}}{V_{\text{em}}}\right) \end{cases}$ | $\text{SA}_{\text{em}}$ 为紧急泄洪水位时的水库水表面积，单位 $\text{hm}^2$；$\text{SA}_{\text{pr}}$ 为正常蓄水位时的水库水表面积，单位 $\text{hm}^2$；$V_{\text{em}}$ 为紧急泄洪水位下对应的水库蓄水量，单位 $\text{m}^3$；$V_{\text{pr}}$ 为正常蓄水位下对应的水库蓄水量，单位 $\text{m}^3$ |
| 4 | 降雨 | $V_{\text{pcp}} = 10 \cdot R_{\text{day}} \cdot \text{SA}$ | $R_{\text{day}}$ 为当天的降雨量，单位 $\text{mm}$；SA 为水库的水表面积，单位 $\text{hm}^2$ |

续表

| 序号 | 计算项 | | 公式 | 公式解释说明 |
|---|---|---|---|---|
| 5 | 蒸发 | | $V_{evap} = 10 \cdot \eta \cdot E_0 \cdot SA$ | $V_{evap}$为当天水库的蒸发水量,单位 m³;$\eta$ 为蒸发因子 (0.6~0.8);$E_0$ 表示当天水面当天实际蒸发量,单位 mm |
| 6 | 渗漏 | | $V_{seep} = 240 \cdot K_{sat} \cdot SA$ | $V_{seep}$为当天水库底的渗漏水量,单位 m³;$K_{sat}$ 为水库库底的有效饱和渗透系数,单位 mm/h |
| 7 | 水库下泄量 | 日观测出流 | $V_{flowout} = 86\,400 \cdot q_{out}$ | $V_{flowout}$为当天流出水库的水量,单位 m³,$q_{out}$为用户输入的每天出流的流量,单位 m³/s |
| | | 月观测出流 | $V_{flowout} = 86\,400 \cdot q_{out}$ | $q_{out}$为用户输入的月平均日流量,单位 m³/s |
| | | 无控制水库的下泄 | $\begin{cases} V_{flowout} = V - V_{pr}, & V - V_{pr} < q_{rel} \cdot 86\,400 \\ V_{flowout} = q_{rel} \cdot 86\,400, & V - V_{pr} > q_{rel} \end{cases}$ | 当水库蓄水量位于正常蓄水库容和紧急泄洪库容之间时,用该水库的出流计算公式,其中,$V_{flowout}$为当天流出水库的水量,单位 m³;$V$ 为水库当天的蓄水量,单位 m³;$V_{pr}$为设计洪水库容,单位 m³;$q_{rel}$为用户输入的平均每天的下泄流量,单位 m³/s |
| | | | $\begin{cases} V_{flowout} = (V - V_{em}) + (V - V_{pr}) \cdot 86\,400, & V_{em} - V_{pr} < q_{rel} \cdot 86\,400 \\ V_{flowout} = (V - V_{em}) + q_{rel} \cdot 86\,400, & V_{em} - V_{pr} > q_{rel} \cdot 86\,400 \end{cases}$ | 当水库的蓄水量超过紧急泄洪库容时,用该水库的出流计算公式,其中,$V_{em}$ 为紧急泄洪库容,单位 m³ |

**表4-6 模型主要输入/输出数据和参数**

| 模型输入 | | | | 模型输出 |
|---|---|---|---|---|
| 气象数据表 | 区域地下水数值模拟的输入数据 | 模型其他输入数据 | | |
| 风速站参数表 | 单元格属性表 | 城市区数据表 | 水库用水数据表 | 池塘模拟结果输出表 |
| 风速站数据表 | 含水层属性表 | 池塘和湿地参数表 | 水库月出流数据表 | 地下水模拟单元结果输出表 |
| 辐射站参数表 | 流量边界数据表 | 多年平均流量点源数据表 | 基础模拟单元管理参数表 | 地下水数值模拟单元含水层结果输出表 |
| 辐射站数据表 | 数值模拟控制参数表 | 河道水库调水数据表 | 基础模拟单元管理操作表 | 地下水数值模拟全区结果输出表 |
| 气温站参数表 | 水头边界数据表 | 流域汇流系统信息表 | 基础模拟单元属性参数表 | 地下水网格单元有效性输出表 |
| 气温站数据表 | 网格间距信息表 | 流域模拟参数控制表 | 基础模拟单元土壤参数表 | 全流域模拟结果输出表 |
| 湿度站参数表 | 网格与子流域对应表 | 年流量点源数据 | 土壤含水量控制点定义表 | 湿地模拟结果输出表 |
| 湿度站数据表 | | 月流量点源数据 | 植物生长数据表 | 水库模拟结果输出表 |
| 雨量站参数表 | | 日流量点源数据 | 主河道参数表 | 基础模拟单元模拟灌溉信息输出表 |
| 雨量站数据表 | | 湿地补水参数数据表 | 子流域地下水参数表 | 基础模拟单元模拟结果输出表 |
| | | 湿地补水操作数据表 | 子流域属性数据表 | 基础模拟单元作物产量信息输出表 |
| | | 输入输出控制选项表 | 子流域用水数据表 | 土壤含水量观测点输出表 |
| | | 水库参数表 | | 主河道模拟结果输出表 |
| | | | | 子流域模拟结果输出表 |

（2）具有大流域／区域尺度模拟的能力

MODCYCLE 模型已经在海河流域 31.8 万 km²、通辽市 5.9 万 km² 的大型区域／流域内得到了很好的运用，良好的运行效率和足够的模拟精度表明模型具备在大区域／流域进行水循环模拟的能力。

运行效率方面，模型支持并行运算，充分利用计算机的多个核心，实现子流域并行运算和区域内相互独立的多个流域的并行运算，大幅缩减模型计算的时间，提高了模型调试、率定和验证的效率。模拟精度方面，模型可以通过划分子流域数量和地下水网格单元规模控制模型模拟的精度，使模型在模拟大尺度区域／流域水循环时仍能保持足够的精度。

（3）实现了地表／地下水耦合模拟

MODCYCLE 模型实现了基于子流域划分的分布式水文模型与基于网格单元离散的地下水数值模拟模型的紧密耦合。在空间上，水循环模型的模拟单元子流域与地下水模拟的网格单元通过空间从属关系实现了空间嵌套，在此基础上，将两者的模拟信息实时反馈到对方模块中，完成信息更新和处理，实现了地表／地下水的耦合模拟。模型地表／地下水耦合模拟的详细原理可参考相关文献（陆垂裕等，2011）。

## 4.2　MODCYCLE 模型在典型区域的构建

选取邯郸东部平原区作为模型构建的典型区域，构建过程包括子流域的划分、气象驱动数据的处理、基础模拟单元的划分、水利工程分布参数的处理、地下水网格单元的离散、水文地质参数的处理等。

### 4.2.1　子流域划分

由于供用水统计数据、农业统计数据等均是以行政区为单位，为了充分利用水资源公报、统计年鉴等统计数据，模型构建先以邯郸市为模拟区，地下水水循环和干旱分析时再以邯郸东部平原区为研究对象。

利用数字高程模型（DEM）对邯郸市进行子流域划分和主河道模拟。由于平原区地势平坦，仅采用 DEM 进行子流域划分和主河道模拟可能出现较大误差。因此，该过程还采用了实际数字河道的引导，以保证模拟河道与实际河道更高的吻合度。通过上述方法将邯郸市划分为 337 个子流域，其中平原区子流域 191 个。每个子流域均拥有一条主河道，各主河道通过空间拓扑关系从上游向下游逐级汇聚。DEM、子流域和主河道在邯郸市的叠加如图 4-4 所示。

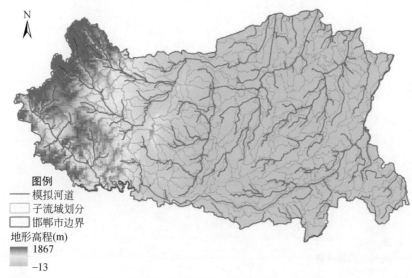

图 4-4 邯郸市地表高程、子流域和主河道分布

## 4.2.2 气象站点分布及气象驱动数据

邯郸东部平原区可用的气象站共计 13 站,包括日降水量、日最高/最低气温、日平均风速、日平均相对湿度和日照时数五类数据。各站在平原区的分布如图 4-5 所示。

## 4.2.3 土壤类型、土地利用和灌溉制度设计

土壤类型、土地利用类型和农业管理方式是子流域内部进一步划分基础模拟单元的基本数据。邯郸市土壤类型分布如图 4-6 所示。不同土壤类型的物理、水力学性质不同,对土壤水运动的影响不同,使土壤蒸发、产流、入渗等水循环过程产生空间差异性。邯郸市主要土壤类型为潮土、褐土和石灰性褐土,三种土壤类型总面积占邯郸市面积的 77%。几种主要土壤的面积及比例如表 4-7 所示。

图例

● 气象站

—— 平原区模拟河道

▢ 子流域划分

▢ 邯郸市平原区边界

图 4-5　邯郸东部平原气象站分布

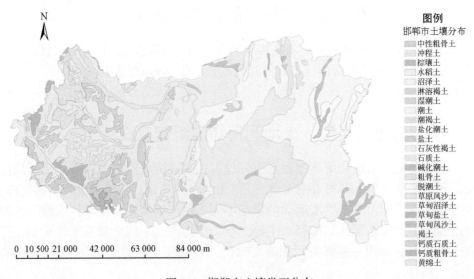

图例

邯郸市土壤分布

中性粗骨土
冲程土
棕壤土
水稻土
沼泽土
淋溶褐土
湿潮土
潮土
潮褐土
盐化潮土
盐土
石灰性褐土
石质土
碱化潮土
粗骨土
脱潮土
草原风沙土
草甸沼泽土
草甸盐土
草甸风沙土
褐土
钙质石质土
钙质粗骨土
黄绵土

0　10 500　21 000　　42 000　　63 000　　84 000 m

图 4-6　邯郸市土壤类型分布

**表4-7 邯郸市土壤类型及其面积比例**

| 土壤类型 | 面积（km²） | 比例（%） |
|---|---|---|
| 潮土 | 4436.60 | 36.80 |
| 褐土 | 2770.56 | 22.98 |
| 石灰性褐土 | 2080.90 | 17.26 |
| 钙质石质土 | 609.70 | 5.06 |
| 粗骨土 | 459.41 | 3.81 |
| 其他土壤 | 1698.05 | 14.09 |

土地利用类型也是模型构建所需的主要输入数据。根据国家标准土地利用类型分类的邯郸市土地利用分布如图4-7所示。邯郸市共有17种土地利用/覆被类型，其中，东部平原区以平原旱地为主，面积约占邯郸市的63.16%；西部山丘区以高覆盖度草地为主，约占总面积的12.88%。各种土地利用类型面积及其比例如表4-8所示。

农业管理对农田水循环影响较大。模型中的农业管理方式需要考虑农业种植结构、农作物生长特征、灌溉制度等。邯郸东部平原分行政区的农业种植结构见表4-9。种植结构中考虑了农作物的轮作，从表中可以看出，冬小麦与夏玉米的复种在该地区是主要的种植类型及方式。

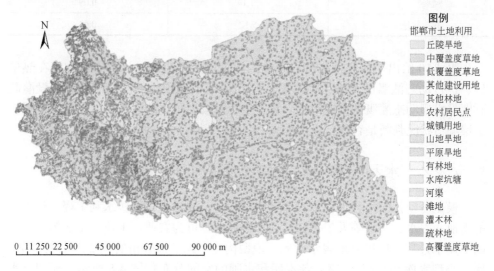

图例
邯郸市土地利用
- 丘陵旱地
- 中覆盖度草地
- 低覆盖度草地
- 其他建设用地
- 其他林地
- 农村居民点
- 城镇用地
- 山地旱地
- 平原旱地
- 有林地
- 水库坑塘
- 河渠
- 滩地
- 灌木林
- 疏林地
- 高覆盖度草地

0  11 250  22 500    45 000    67 500    90 000 m

图4-7 邯郸市土地利用分布

**表 4-8　邯郸市土地利用类型及其面积比例**

| 土地利用类型 | 面积（km²） | 比例（%） |
|---|---|---|
| 平原旱地 | 7613.53 | 63.16 |
| 高覆盖度草地 | 1553.24 | 12.88 |
| 农村居民点 | 1066.54 | 8.85 |
| 丘陵旱地 | 974.61 | 8.08 |
| 城镇用地 | 185.36 | 1.54 |
| 有林地 | 184.01 | 1.53 |
| 滩地 | 152.48 | 1.26 |
| 中覆盖度草地 | 119.68 | 0.99 |
| 疏林地 | 40.56 | 0.34 |
| 水库坑塘 | 37.96 | 0.31 |
| 山地旱地 | 33.84 | 0.28 |
| 其他建设用地 | 31.73 | 0.26 |
| 低覆盖度草地 | 27.03 | 0.22 |
| 灌木林 | 18.40 | 0.15 |
| 河渠 | 11.14 | 0.09 |
| 其他林地 | 5.12 | 0.04 |

表 4-10 给出了研究区主要农作物的生育期。生育期是计算农作物潜在热单位、执行动态灌溉的基础数据。表 4-11 给出了模型预设的灌溉制度。预设灌溉制度是模型动态灌溉的关键数据。对于生育阶段内预设的灌溉事件，模型会根据土壤墒情状况判断是否执行该次灌溉。

## 4.2.4　水利工程分布及模型相应处理

模型可模拟的水利工程以水库和闸站为主，通过概化这些水利工程，将工程的蓄泄、引水、调水等人工控制活动考虑在内，可为农业、工业、生活等用水户的取用水过程模拟提供地表水水源。模型构建考虑了邯郸市的主要大中型水库 6 座，小型水库和水闸 27 座，各水库和水闸的空间分布如图 4-8 所示。模型将水库和水闸作为河网节点模拟，但与河道有所区别，因为水库不同于河道，可以进行人工控制。

表4-9 邯郸东部平原分行政区种植结构分布

（单位：hm²）

| 作物种类 | 鸡泽 | 邱县 | 永年 | 曲周 | 大名 | 肥乡 | 馆陶 | 广平 | 成安 | 魏县 | 磁县 | 临漳 | 邯郸县 | 市全区 | 合计 |
|---|---|---|---|---|---|---|---|---|---|---|---|---|---|---|---|
| 冬小麦 | 2 413 | 0 | 0 | 6 364 | 4 082 | 0 | 0 | 0 | 0 | 3 807 | 9 660 | 0 | 0 | 554 | 26 879 |
| 麦复蔬菜 | 5 683 | 0 | 0 | 0 | 0 | 1 540 | 0 | 0 | 899 | 0 | 0 | 0 | 0 | 0 | 8 123 |
| 稻谷 | 0 | 0 | 0 | 0 | 0 | 0 | 0 | 0 | 0 | 0 | 1 831 | 0 | 871 | 49 | 2 750 |
| 麦复玉米 | 6 104 | 3 405 | 29 451 | 21 340 | 21 622 | 19 061 | 14 838 | 11 416 | 12 790 | 34 618 | 15 793 | 30 157 | 14 372 | 0 | 234 967 |
| 玉米 | 0 | 0 | 0 | 1 322 | 0 | 0 | 0 | 0 | 2 465 | 0 | 6 347 | 0 | 0 | 264 | 7 933 |
| 麦复谷子 | 1 171 | 900 | 0 | 0 | 0 | 1 050 | 0 | 509 | 0 | 0 | 0 | 0 | 0 | 0 | 6 096 |
| 谷子 | 0 | 0 | 2 775 | 1 083 | 2 010 | 0 | 0 | 0 | 0 | 1 352 | 6 294 | 0 | 3 278 | 126 | 16 918 |
| 麦复薯类 | 0 | 0 | 0 | 0 | 0 | 0 | 0 | 1 186 | 1 009 | 0 | 0 | 1 688 | 0 | 0 | 3 883 |
| 薯类 | 0 | 0 | 0 | 0 | 1 456 | 0 | 0 | 0 | 0 | 2 071 | 1 390 | 0 | 724 | 0 | 5 641 |
| 麦复大豆 | 582 | 0 | 1 563 | 0 | 2 194 | 1 292 | 1 221 | 940 | 719 | 1 495 | 0 | 2 025 | 1 324 | 0 | 11 161 |
| 大豆 | 0 | 0 | 0 | 0 | 0 | 0 | 0 | 0 | 0 | 0 | 1 481 | 0 | 0 | 184 | 3 858 |
| 麦复花生 | 0 | 1 001 | 2 505 | 0 | 30 089 | 0 | 3 827 | 1 524 | 1 228 | 3 821 | 0 | 2 514 | 1 024 | 0 | 47 531 |
| 花生 | 0 | 0 | 0 | 1 482 | 4 004 | 0 | 0 | 0 | 0 | 0 | 0 | 0 | 0 | 0 | 5 486 |
| 油菜复大豆 | 0 | 0 | 0 | 0 | 0 | 0 | 0 | 0 | 0 | 0 | 0 | 0 | 1 103 | 0 | 1 103 |
| 油菜 | 0 | 0 | 0 | 0 | 0 | 0 | 0 | 0 | 0 | 0 | 1 813 | 0 | 0 | 68 | 1 881 |
| 棉套西瓜 | 0 | 1 244 | 0 | 0 | 0 | 0 | 0 | 449 | 4 195 | 0 | 0 | 1 116 | 0 | 0 | 7 004 |
| 棉套蔬菜 | 0 | 2 847 | 0 | 0 | 0 | 8 207 | 5 026 | 0 | 1 141 | 0 | 0 | 5 423 | 0 | 0 | 22 643 |
| 棉花 | 8 033 | 17 732 | 2 968 | 15 460 | 2 230 | 4 555 | 3 370 | 4 112 | 10 341 | 4 885 | 3 159 | 0 | 2 230 | 0 | 79 075 |
| 蔬菜 | 1 451 | 0 | 21 392 | 3 333 | 5 363 | 373 | 1 440 | 1 090 | 948 | 3 015 | 2 645 | 2 832 | 1 529 | 1 024 | 46 436 |
| 林果 | 1 105 | 6 621 | 3 881 | 1 583 | 4 858 | 3 262 | 2 418 | 2 269 | 1 760 | 7 289 | 1 932 | 6 698 | 6 679 | 106 | 50 460 |
| 小计 | 26 543 | 33 748 | 64 535 | 51 966 | 77 909 | 39 341 | 32 141 | 23 495 | 37 494 | 62 353 | 52 345 | 52 452 | 33 133 | 2 374 | 589 829 |

表 4-10　邯郸市种植结构的关键生育期

| 作物 | 生育期1<br>（月 日） | 生育期2<br>（月 日） | 生育期3<br>（月 日） | 生育期4<br>（月 日） | 生育期5<br>（月 日） | 生育期6<br>（月 日） | 生育期7<br>（月 日） |
|---|---|---|---|---|---|---|---|
| 冬小麦 | 播种 0928 | 出苗 1005 | 越冬 1206 | 返青 0312 | 拔节 0418 | 抽穗 0504 | 成熟 0615 |
| 春玉米 | 播种 0420 | 出苗 0504 | 拔节 0530 | 抽雄 0708 | 成熟 0830 | | |
| 谷子 | 播种 0421 | 出苗 0510 | 拔节 0625 | 抽穗 0720 | 成熟 0915 | | |
| 大豆 | 播种 0415 | 出苗 0425 | 旁枝形期 0615 | 开花 0627 | 结荚 0810 | 收获 0905 | |
| 棉花 | 播种 0425 | 出苗 0510 | 现蕾 0625 | 开花 0722 | 吐絮 0901 | 收获 0916 | |
| 蔬菜 | 播种 0310 | 出苗 0321 | 收获 0610 | 再播种 0621 | 出苗 0703 | 收获 0930 | |
| 麦复玉米 | 播种 0928 | 抽穗 0504 | 成熟 0615 | 播种 0616 | 抽雄 0810 | 收获 0926 | |
| 麦复大豆 | 播种 0928 | 抽穗 0504 | 成熟 0615 | 播种 0616 | 开花 0726 | 结荚 0815 | 收获 0926 |
| 麦复花生 | 播种 0928 | 抽穗 0504 | 成熟 0615 | 播种 0616 | 结荚 0815 | 收获 0926 | |
| 棉套蔬菜 | 播种 0425 | 出苗 0510 | 现蕾 0625 | 开花 0722 | 吐絮 0921 | 收获 0916 | |

表 4-11　邯郸市主要作物预设灌溉制度

| 作物 | 播种日期<br>（月 日） | 收获日期<br>（月 日） | 灌水<br>次数 | 灌溉1（月 日） | 灌溉2（月 日） | 灌溉3（月 日） | 灌溉4（月 日） |
|---|---|---|---|---|---|---|---|
| 冬小麦 | 0928 | 0615 | 4 | 0929（播后） | 0401（拔节） | 0511（灌浆） | 0525（抽穗） |
| 玉米 | 0420 | 0830 | 2 | 0421（播后） | 0710（抽雄） | | |
| 谷子 | 0421 | 0915 | 2 | 0422（播后） | 0718（抽穗） | | |
| 大豆 | 0415 | 0905 | 2 | 0416（播后） | 0710（开花） | | |
| 棉花 | 0425 | 0916 | 2 | 0426（播后） | 0828（开花） | | |
| 蔬菜 | 0310 | 0930 | 6 | 0311（播后） | 每月一灌 | | |
| 麦复玉米 | 0928 | 0926 | 6 | 0929（播后） | 0401（拔节） | 5月两次 | 8月两次 |
| 麦复大豆 | 0928 | 0926 | 6 | 0929（播后） | 0401（拔节） | 5月两次 | 8月两次 |
| 麦复花生 | 0928 | 0926 | 6 | 0929（播后） | 0401（拔节） | 5月两次 | 8月、9月各两次 |

图 4-8　邯郸市主要水库及水闸分布

## 4.2.5　水文地质参数及地下水模拟模块

邯郸东部平原地下水数值模拟需要对含水层进行网格剖分。按 2km×2km 的正方形网格将平原区划分为 3245 个网格单元，其中处于平原区内部的有效网格单元 1942 个，如图 4-9 所示。

开展地下水数值模拟需要水文地质参数、边界条件和初始条件。其中地下水模拟初始埋深、给水度、浅层含水层底板深、富水性分区如图 4-10~图 4-13 所示。模拟初期地下水埋深以平原区中部最大。该地区农业灌溉和工业用水地下水开采量较大，形成了大面积的超采漏斗。

## 4.2.6　模型所需其他数据

研究区多为行政区，与流域边界不符，多条河流从研究区外部流入本区，因此，为了保证径流的连续性，需要将境外进入本区的径流考虑在内。模型考虑入境河流的方式是将上游入境流量在河流的入境处以入境点源的方式计入河道汇流中，故需要入境河流的径流监测数据。入境点源流量数据如表 4-12 所示。

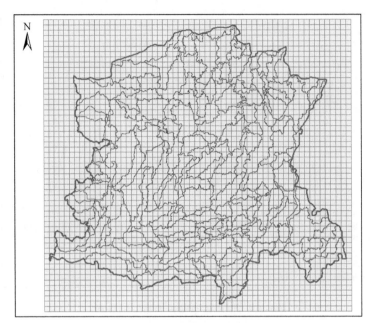

图 4-9　地下水数值模拟网格单元剖分

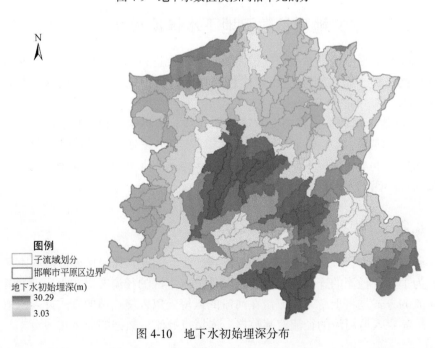

图例
子流域划分
邯郸市平原区边界
地下水初始埋深(m)
30.29
3.03

图 4-10　地下水初始埋深分布

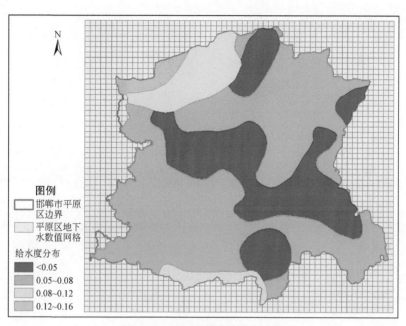

图 4-11　地下水给水度空间分布

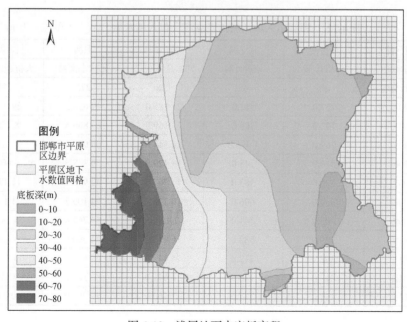

图 4-12　浅层地下水底板高程

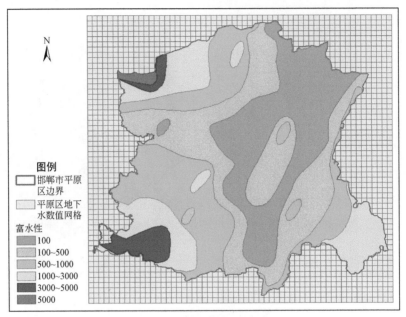

图 4-13 浅层地下水富水性分区

**表 4-12 邯郸市入境河流入境点源及年入境水量** （单位：万 m³）

| 入境河流 | 马会河 | 北洺河 | 清漳河 | 卫河 | 浊漳河 |
|---|---|---|---|---|---|
| 数据来源 | 分析计算 | 分析计算 | 刘家庄水文站 | 元村水文站 | 天桥断水文站 |
| 网格行标签 | 28 | 45 | 128 | 275 | 288 |
| 2003 | 757.0 | 712.0 | 21 285.0 | 49 038.5 | 29 959.0 |
| 2004 | 101.0 | 368.0 | 15 169.0 | 63 860.5 | 8 830.0 |
| 2005 | 769.0 | 1 376.0 | 14 344.0 | 68 951.5 | 4 814.5 |
| 2006 | 416.0 | 745.0 | 18 429.0 | 59 328.5 | 6 607.0 |
| 2007 | 326.0 | 583.0 | 15 767.0 | 42 950.5 | 11 475.0 |
| 2008 | 339.0 | 606.0 | 10 278.7 | 94 100.7 | 11 114.3 |
| 2009 | 302.0 | 541.0 | 7 458.0 | 54 760.0 | 3 347.0 |
| 2010 | 329.0 | 589.0 | 16 613.0 | 74 590.0 | 3 650.0 |
| 2011 | 398.0 | 712.0 | 25 442.0 | 69 653.0 | 3 778.0 |
| 2012 | 417.0 | 746.0 | 22 641.0 | 82 305.0 | 9 533.0 |
| 2013 | 412.0 | 737.0 | 27 460.0 | 59 260.0 | 40 271.0 |

人类生产、生活用水是流域/区域水循环二元性特征的具体体现。农业灌溉用水数据可以利用灌溉定额和模型灌溉模块计算得到，工业、生活用水则从当地水资源公报统计得到。

除了上述数据，模型还需要其他一些关键参数和数据，如：城市区地面参数，池塘/湿地参数，水库—河流调水数据，水库参数（库容、供水能力、取水数据等），土壤参数（孔隙度、干容重、导水系数等），子流域和主河道的属性参数等。这些数据有的可以从相关部门收集、统计获得，有的则需要利用地理信息系统（GIS）处理得到。

## 4.3 参数率定和模型验证

模型涉及的参数在模型构建时采用的是初始值，采用这些初始参数运行模型输出的结果可能与实测数据存在较大差异，此时需要利用部分历史实测数据对模型进行参数调试，将模型调试到模拟结果与实测数据符合较好的某种水平（如相关系数大于指定阈值、相对误差小于指定阈值等），从而确定模型的最终参数，此过程即模型参数率定。此时模型的模拟值与实测值在总体上符合程度最佳。之后利用另一部分历史实测数据对调试好的模型进行验证，以进一步评估所建模型对研究区水循环的预测能力。本节首先利用 2003~2008 年的数据对模型进行参数率定，然后利用 2009~2013 年的数据对模型进行验证。

### 4.3.1 参数率定

模型参数率定从三方面开展：模拟地下水埋深与实测地下水埋深的对比；模拟土壤墒情与实测土壤墒情的对比；模拟出境水量与实测出境水量的对比。

#### 4.3.1.1 地下水埋深对比

收集到墒情站 12 组地下水监测井地下水埋深连续观测数据，与相同空间位置的地下水网格单元地下水埋深模拟值对比，展示其中 3 个代表监测井的对比结果，如图 4-14~图 4-16 所示。从图中可以看出，地下水埋深模拟值总体趋势上与实测值较为符合。

表 4-13 给出了邯郸东部平原各站地下水埋深模拟值与实测值之间的相关系数，以及模拟值对于实测值的相对误差。相关性方面，各站之间的差异较大，相关性最好的站是临洺关站，相关系数达到 0.77；相关性最差的是龙王庙站，相关

系数只有 0.11，应与实测数据系列连续性较差有关；12 站平均相关系数为 0.45，是参数率定至模型总体最佳状态时的最大值。

相对误差方面，模拟值对于实测值的相对误差最大为 28.41%，最小值为 3.08%，平均值为 8.30%，模型反映实际地下水埋深变化的效果较好。

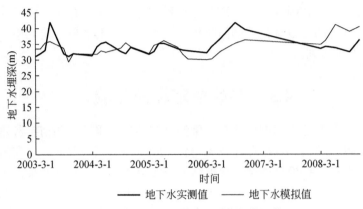

图 4-14　临漳站地下水埋深实测值与模拟值对比

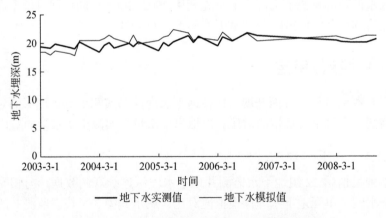

图 4-15　平固店站地下水埋深实测值与模拟值对比

图 4-16　小寨站地下水埋深实测值与模拟值对比

表 4-13　地下水埋深模拟值与实测值在各站的相关系数与相对误差

| 编号 | 观测站 | 相关系数 | 相对误差（%） |
|---|---|---|---|
| 1 | 小寨 | 0.43 | 6.28 |
| 2 | 曲周 | 0.56 | 28.41 |
| 3 | 大马堡 | 0.33 | 6.28 |
| 4 | 临洺关 | 0.77 | 14.01 |
| 5 | 平固店 | 0.52 | 4.85 |
| 6 | 张庄桥 | 0.42 | 5.17 |
| 7 | 辛安镇 | 0.49 | 5.88 |
| 8 | 何横城 | 0.17 | 4.60 |
| 9 | 临漳 | 0.33 | 7.18 |
| 10 | 蔡小庄 | 0.66 | 7.74 |
| 11 | 龙王庙 | 0.11 | 3.08 |
| 12 | 魏僧寨 | 0.61 | 6.07 |
| 平均 | | 0.45 | 8.30 |

### 4.3.1.2　土壤墒情对比

本书也收集了 12 组土壤墒情实测数据，用于调试土壤参数，墒情监测站信息见表 4-14，墒情站分布如图 4-17 所示。模型模拟的土壤墒情值以基础模拟单元为最小单位，即同一片基础模拟单元的任一点的土壤墒情是相同的，为面平均值。然而，墒情监测站的观测数据是点数据，用模拟的面数据去拟合观测的点数据，可能会存在较大误差，但是仍能在一定程度上反映模型的模拟效果。

表 4-14　研究区墒情监测站基本信息表

| 序号 | 监测站名称 | 所在县 | 具体位置 | 东经（°） | 北纬（°） | 子流域 | HRU |
|---|---|---|---|---|---|---|---|
| 1 | 小寨 | 鸡泽 | 鸡泽县小寨镇小寨 | 114.9 | 36.85 | 8 | 13 |
| 2 | 曲周 | 曲周 | 曲周县城关镇陈庄 | 114.97 | 36.78 | 30 | 6 |
| 3 | 大马堡 | 邱县 | 邱县邱城镇大马堡 | 115.22 | 36.68 | 54 | 11 |
| 4 | 临洺关 | 永年 | 永年县临洺关北街 | 114.48 | 36.67 | 102 | 6 |
| 5 | 平固店 | 广平 | 平固店镇平固店中 | 115.07 | 36.57 | 111 | 16 |
| 6 | 张庄桥 | 邯郸 | 邯郸市马庄乡张庄桥 | 114.48 | 36.57 | 151 | 6 |
| 7 | 辛安镇 | 肥乡 | 肥乡县辛安镇乡辛安镇 | 114.68 | 36.55 | 161 | 2 |
| 8 | 何横城 | 成安 | 成安县商城镇何横城 | 114.57 | 36.48 | 172 | 20 |
| 9 | 临漳 | 临漳 | 临漳县城关镇城关 | 114.62 | 36.35 | 248 | 17 |
| 10 | 蔡小庄 | 魏县 | 魏县野胡拐乡蔡小庄 | 114.93 | 36.28 | 264 | 3 |
| 11 | 龙王庙 | 大名 | 大名县龙王庙镇龙王庙 | 115.22 | 36.22 | 275 | 15 |
| 12 | 魏僧寨 | 馆陶 | 馆陶县魏僧寨镇魏东村 | 115.38 | 36.72 | 330 | 3 |

注：HRU 是指监测站所在子流域中的基础模拟单元编号

图 4-17　邯郸东部平原土壤墒情监测站

　　选取三个观测站的数据对模型率定的效果进行展示，如图 4-18～图 4-20 所示。2007 年实测数据缺失。通过参数调试，土壤墒情模拟值基本上能够与实测值在变化趋势上达到一定程度的吻合效果。

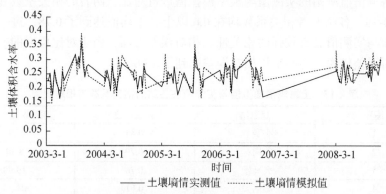

图 4-18 何横城站土壤墒情实测值与模拟值对比

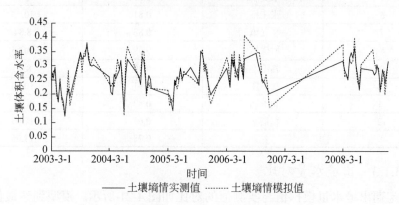

图 4-19 临漳站土壤墒情实测值与模拟值对比

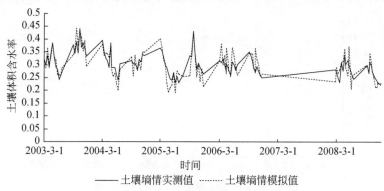

图 4-20 龙王庙站土壤墒情实测值与模拟值对比

对各墒情监测站的实测值与模型模拟值进行对比,两者的相关系数和相对误差见表 4-15。各站两者相关系数均在 0.6 以上,平均值达到了 0.78,进一步说明了模拟值与实测值具有较强的相关性。相对误差方面,由于对比尺度的差异,两者的相对误差较大,各站平均相对误差达到了 13.06%。

表 4-15　土壤墒情模拟值与实测值在各站的相关系数与相对误差

| 编号 | 观测站 | 相关系数 | 相对误差(%) |
|---|---|---|---|
| 1 | 小寨 | 0.84 | 17.93 |
| 2 | 曲周 | 0.79 | 8.30 |
| 3 | 大马堡 | 0.76 | 19.98 |
| 4 | 临洺关 | 0.61 | 21.73 |
| 5 | 平固店 | 0.70 | 12.99 |
| 6 | 张庄桥 | 0.81 | 10.75 |
| 7 | 辛安镇 | 0.88 | 8.84 |
| 8 | 何横城 | 0.69 | 10.63 |
| 9 | 临漳 | 0.90 | 8.45 |
| 10 | 蔡小庄 | 0.91 | 10.96 |
| 11 | 龙王庙 | 0.82 | 8.22 |
| 12 | 魏僧寨 | 0.67 | 17.93 |
| 平均 | | 0.78 | 13.06 |

### 4.3.1.3　出境水量对比

率定期出境水量模拟值与实测值的对比如图 4-21 所示。模型到达最佳模拟效果的出境水量年际变化趋势与实测值拟合较好,相关系数为 0.84,平均相对误差 13.98%,说明参数率定基本上实现了模型再现水文过程实际情况的要求。

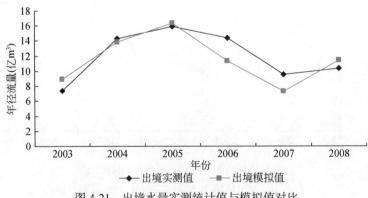

图 4-21　出境水量实测统计值与模拟值对比

通过地下水埋深、土壤墒情和出境水量数据的拟合，将模型调试至最佳状态，从而得到一组最优参数集。各主要模型参数的最终取值如表 4-16 所示。

表 4-16　模型率定的主要参数及其取值（范围）

| 序号 | 参数名 | 参数意义 | 取值（取值范围） |
|---|---|---|---|
| 1 | MXSP | 地表最大积水深度 | 农田，50~150 mm；城市区，2~15 mm；天然林草地（无作物），2~20 mm |
| 2 | ESCO | 土壤蒸发补偿系数 | 0.90 |
| 3 | EPCO | 植被吸水补偿系数 | 0.95 |
| 4 | FFCB | 初始含水量与对应田间持水量之比 | 0.80 |
| 5 | GWEC | 潜水蒸发系数 | 0.7~0.9 |
| 6 | GWEP | 潜水蒸发指数 | 1.2~1.8 |
| 7 | SOLK | 土壤饱和水力传导度 | 第一层：3.30~90 mm/h<br>第二层：0.75~90 mm/h<br>第三层：1.90~90 mm/h<br>第四层：0.08~23 mm/h |
| 8 | SOLA | 土壤有效供水能力 | 第一层：0.06~0.18 mm/mm<br>第二层：0.07~0.23 mm/mm<br>第三层：0.13~0.22 mm/mm<br>第四层：0.10~0.17 mm/mm |
| 9 | SOLW | 土壤凋萎系数 | 0.045~0.112 mm/mm |
| 10 | CANM | 植被冠层最大截流量 | 0.5~4 mm |
| 11 | BIOE | 植物生长辐射利用效率系数 | 11~90 $(kg/hm^2)/(MJ/m^2)$ |
| 12 | CHK | 主河道和子河道渗透系数 | 0.5~2 mm |
| 13 | TRAN | 地下含水层导水系数 | 浅层：20~1000 $m^2/s$<br>深层：20~2000 $m^2/s$ |
| 14 | SC1 | 给水度/贮水系数 | 给水度：0.025~0.07<br>贮水系数：0.005 |

其中 ESCO、EPCO 和 FFCB 三个参数为全局参数，没有空间差异性，而其他参数因不同土壤、不同土地利用、不同含水层属性等在空间分布上有所不同，因此只给出参数取值的上下限。

## 4.3.2 模型验证

本节利用 2009~2013 年的模型数据，从地下水埋深、土壤墒情和出境水量三方面验证已经调试好的模型的模拟效果。

### 4.3.2.1 地下水埋深验证

模型模拟的地下水埋深变化与实测值之间的对比如图 4-22~ 图 4-24 所示，与率定期相同，本书只展示临漳、平固店及小寨这三个代表性较好的测站。

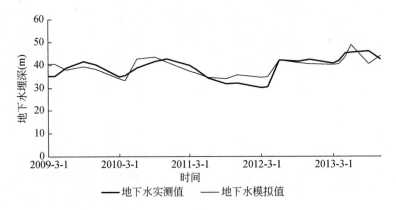

图 4-22 临漳站地下水埋深实测值与模拟值对比

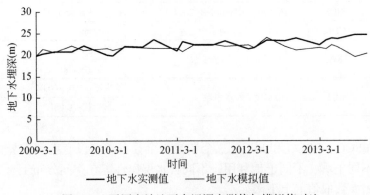

图 4-23 平固店站地下水埋深实测值与模拟值对比

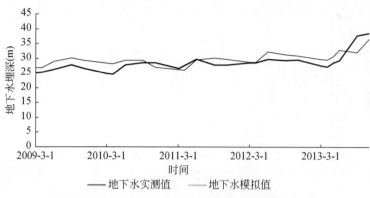

图 4-24 小寨站地下水埋深实测值与模拟值对比

地下水埋深模型模拟值与实测值之间的相关系数和相对误差如表4-17所示。各站相关系数平均值为 0.57，比率定期的相关系数有所提高；平均相对误差为 6.33%，低于率定期的相对误差。可见模型总体上达到了预期效果。

表 4-17 地下水埋深模拟值与实测值在各站的相关系数与相对误差

| 编号 | 观测站 | 相关系数 | 相对误差（%） |
|---|---|---|---|
| 1 | 小寨 | 0.77 | 7.03 |
| 2 | 曲周 | 0.70 | 15.92 |
| 3 | 大马堡 | 0.32 | 5.53 |
| 4 | 临洺关 | 0.97 | 5.48 |
| 5 | 平固店 | 0.43 | 5.79 |
| 6 | 张庄桥 | 0.45 | 4.37 |
| 7 | 辛安镇 | 0.41 | 5.48 |
| 8 | 何横城 | 0.61 | 2.00 |
| 9 | 临漳 | 0.78 | 6.44 |
| 10 | 蔡小庄 | 0.59 | 3.22 |
| 11 | 龙王庙 | 0.32 | 1.44 |
| 12 | 魏僧寨 | 0.46 | 13.31 |
| 平均 | | 0.57 | 6.33 |

### 4.3.2.2 土壤墒情验证

模型验证期，选取三个代表性监测站展示模型的模拟效果，见图4-25~图 4-27。从图中可以看出，即使模拟值与实测值来自不同的空间尺度，两者仍然呈现出较为一致的变化趋势。

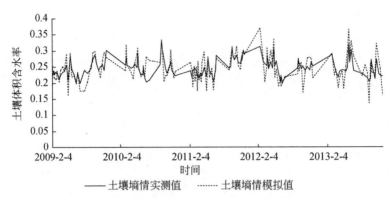

图 4-25　何横城站土壤墒情实测值与模拟值对比

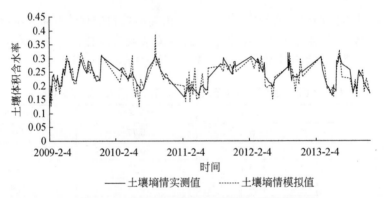

图 4-26　临漳站土壤墒情实测值与模拟值对比

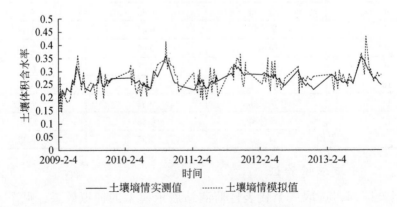

图 4-27　龙王庙站土壤墒情实测值与模拟值对比

验证期各站土壤墒情对比成果见表4-18。平均相关系数为0.73，与率定期相比略有降低，但仍处于良好水平；平均相对误差为13.51%，略有增大。虽然验证效果较率定期略有降低，但是仍能说明模型的可靠性。

表4-18　土壤墒情模拟值与实测值在各站的相关系数与相对误差

| 编号 | 观测站 | 相关系数 | 相对误差（%） |
|---|---|---|---|
| 1 | 小寨 | 0.79 | 18.19 |
| 2 | 曲周 | 0.71 | 8.34 |
| 3 | 大马堡 | 0.75 | 18.86 |
| 4 | 临洺关 | 0.56 | 28.41 |
| 5 | 平固店 | 0.76 | 11.41 |
| 6 | 张庄桥 | 0.75 | 10.60 |
| 7 | 辛安镇 | 0.74 | 10.30 |
| 8 | 何横城 | 0.72 | 9.18 |
| 9 | 临漳 | 0.82 | 9.94 |
| 10 | 蔡小庄 | 0.85 | 8.09 |
| 11 | 龙王庙 | 0.70 | 10.56 |
| 12 | 魏僧寨 | 0.63 | 18.19 |
| 平均 | | 0.73 | 13.51 |

#### 4.3.2.3　出境水量验证

模型在验证期的出境水量模拟成果见图4-28。从图中可以看出，模型模拟值依然与实测值产生了良好的匹配关系，验证期两序列相关关系0.93，平均相对误差9.6%。可见总体上看，验证期模拟效果比率定期的更好。

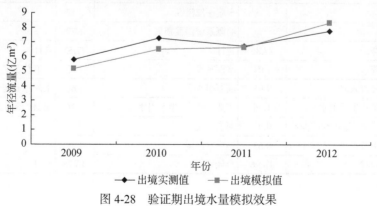

图4-28　验证期出境水量模拟效果

## 4.3.3 水量平衡验证

水量平衡验证没有分率定期和验证期，而是将 2003~2013 年的模拟数据进行平均，统计土壤水、地表水、地下水和全区域的水量平衡，即验证水量补给、排泄与蓄变之间的平衡关系。模型模拟的土壤水、地表水、地下水和全区域的水分补给量与排泄量的差值等于蓄变量，说明模型在水循环模拟中符合质量守恒基本定律，进一步表明模型的可靠性。模型模拟的现状年水量平衡统计成果见表 4-19。从表中可以看出，现状年全区域水分补给量为 77.10 亿 $m^3$，排泄量为 82.48 亿 $m^3$，蓄变量为 -5.38 亿 $m^3$，表明该地区近 11 年来水分一直处于亏缺状态。

综上分析，通过模型的参数率定和验证，证明针对邯郸市构建的水文模型基本上再现了历史水循环的实际情况，具有较高的合理性和可靠性，可以用来分析和评价与水循环有关的各项水分转化过程，将是评估农业干旱的有力工具。

**表 4-19　邯郸市现状年水量平衡分析**　　　（单位：亿 $m^3$）

| 水循环系统 | 补给 | | 排泄 | | 蓄变 | |
|---|---|---|---|---|---|---|
| 土壤水 | 降水 | 65.02 | 冠层截留蒸发 | 3.72 | 土壤水蓄变 | 0.44 |
| | 本地地表引水灌溉 | 1.60 | 积雪升华 | 0.03 | 植被截留蓄变 | 0.00 |
| | 地下水开采灌溉 | 10.95 | 地表积水蒸发 | 0.31 | 地表积雪蓄变 | -0.11 |
| | 区外引水灌溉 | 0.26 | 土表蒸发 | 30.09 | 地表积水蓄变 | -0.01 |
| | 潜水蒸发 | 0.03 | 植被蒸腾 | 30.70 | | |
| | | | 地表超渗产流 | 1.91 | | |
| | | | 壤中流 | 0.87 | | |
| | | | 土壤深层渗漏 | 8.12 | | |
| | | | 灌溉系统渗漏损失 | 1.79 | | |
| | 合计 | 77.86 | 合计 | 77.53 | 合计 | 0.33 |
| 地表水 | 降水 | 1.04 | 水面蒸发 | 1.33 | 河道总蓄变 | 0.00 |
| | 径流入河 | 4.95 | 灌溉引水 | 1.60 | 水库总蓄变 | 0.18 |
| | 工业生活退水 | 1.26 | 工业/生活/生态引水 | 1.76 | 池塘/湿地蓄变 | 0.00 |
| | 池塘/湿地径流滞蓄 | 0.08 | 河道出境 | 10.79 | | |
| | 上游来水（入境） | 9.63 | 地表水渗漏 | 1.29 | | |
| | 合计 | 16.96 | 合计 | 16.78 | 合计 | 0.18 |

续表

| 水循环系统 | 补给 | | 排泄 | | 蓄变 | |
|---|---|---|---|---|---|---|
| 地下水 | 地表产流损失入渗 | 0.37 | 基流排泄 | 2.62 | 浅层蓄变 | -0.43 |
| | 土壤深层渗漏 | 8.12 | 潜水蒸发 | 0.03 | 深层蓄变 | -5.45 |
| | 地表水渗漏量 | 1.29 | 浅层边界流出 | 0.50 | | |
| | 浅层边界流入 | 0.92 | 深层边界流出 | 0.07 | | |
| | 深层边界流入 | 0.23 | 浅层农业灌溉开采 | 8.67 | | |
| | 灌溉系统渗漏损失 | 1.79 | 浅层工业/生活/生态开采 | 1.10 | | |
| | | | 深层农业灌溉开采 | 2.27 | | |
| | | | 深层工业/生活/生态开采 | 3.34 | | |
| | 合计 | 12.71 | 合计 | 18.60 | 合计 | -5.89 |
| 全区 | 降水量（土壤） | 65.02 | 冠层截留蒸发 | 3.72 | 土壤水总蓄变 | 0.33 |
| | 降水量（地表水体） | 1.04 | 积雪升华 | 0.03 | 地表水总蓄变 | 0.18 |
| | 地下水边界流入 | 1.15 | 地表积水蒸发 | 0.31 | 地下总蓄变 | -5.89 |
| | 区外引水灌溉 | 0.26 | 土表蒸发 | 30.09 | | |
| | 上游来水（入境） | 9.63 | 植被蒸腾 | 30.70 | | |
| | | | 水面蒸发 | 1.33 | | |
| | | | 其他（工业/生活/生态）消耗 | 4.94 | | |
| | | | 地下水边界流出 | 0.57 | | |
| | | | 河道出境量 | 10.79 | | |
| | 合计 | 77.10 | 合计 | 82.48 | 合计 | -5.38 |

# 4.4 小　结

本章主要介绍了研究所需的模型工具——MODCYCLE 模型的基本结构和原理，之后构建了针对研究区的水文模型，并对模型进行了参数率定和验证，为后文的应用研究奠定了基础。

1）MODCYCLE 模型的基本结构与原理。模型为具有物理机制的分布式水文模型，可以进行地表/地下水耦合模拟，并能开展大时空尺度上的高效率模拟。模型原理复杂，融合了水循环各方面的数学模型，其中农业水分循环、地下水数值模拟、水库水循环等原理与本书关系密切，在本章中予以了重点描述。

2）模型构建。收集了 2003~2013 年的数据进行模型数据库构建，这些数据是构建模型的基础。但模型所需数据庞杂，其收集、统计、处理、入库过程占据了模型构建的大部分时间，是模型构建不可或缺的一个重要过程。

3）模型校验。采用 2003~2008 年的数据进行模型参数率定，2009~2013 年的数据进行模型验证。校验结果表明所建模型达到了一定的模拟精度，具有较高的可靠性，可以用来开展农业干旱研究。

# |第 5 章|  多水源工程调配下区域干旱应急水源的定量预估

区域应急水源储备是抵御干旱的最后措施和手段，也是大旱来临时人民的保命水和救命水。近年来，华北地区超采严重，使得地下水日趋枯竭，流域河流水系萎缩，区域干旱应急水的赋存越来越少，抵御干旱能力明显下降，长此以往一旦发生持续干旱，后果不堪设想。为了遏制地下水环境的进一步恶化、确保地下水这一干旱应急优良水源的水量，国家借助南水北调中线、东线工程和引黄入冀工程，在华北地区实施了地下水压采综合治理工程。在上述一系列工程实施后，就干旱应急水源——地下水的水量、水位变化进行定量预估，不仅为区域干旱风险预警的制定提供技术支撑，也为评估工程实施效果提供了参考依据。

## 5.1  干旱情景下降雨过程设计

### 5.1.1  降雨过程水平年分析

#### 5.1.1.1  区域面降雨水平年分析

由于本次邯郸东部平原涉及的气象站，有 13 个且分布相对均匀（见图 4-5），地形起伏不大（见图 4-4），区域 1956~2013 年面降水长系列数据由同时间段降雨序列算数平均计算得出，该降水数据系列可较好地反映同时段研究区域的降水变化特征。以此序列进行区域面降水不同水平年特征分析。本次序列频率分析采用 P- Ⅲ 型曲线进行拟合，经过不断的调参，让理论频率曲线和实测值计算的经验频率点之间的拟合最好，优选确定 P- Ⅲ 型曲线的各参数，其中均值为 525mm，$C_v$ 值为 0.29，$C_s/C_v$ 值为 2.9，区域长系列面平均年降水系列的频率分析拟合结果如图 5-1 所示。

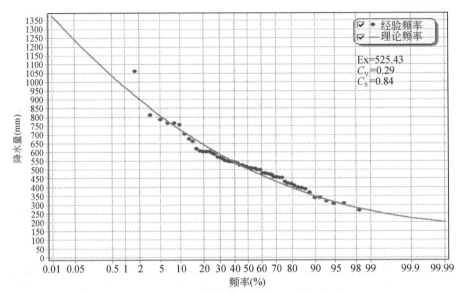

图 5-1　邯郸东部平原面平均降水长系列排频分析（1956~2013 年）

　　根据优选的参数，通过计算可以得出邯郸东部平原不同水平年的面降水量理论值。其中，丰水年份（P=20%）的面降水量为 661mm；平水年份（P=50%）的面降水量为 498mm；P=75% 枯水年份的面降水量为 397mm；P=85% 枯水年份的面降水量为 353mm；P=90% 枯水年份的面降水量为 327mm；P=95% 枯水年份的面降水量为 293mm。将拟合优选的邯郸东部平原 1956~2013 年逐年面平均降水序列的 P- Ⅲ 型曲线理论值及不同水平年的面降水量列入表 5-1 中；为方便比对研究和干旱典型年组的选择，将以上序列及其经验频率列入表 5-2 中。

表 5-1　邯郸地区面平均降水量不同保证率设计值参数（1956~2013 年）

| 均值（mm） | $C_V$ | $C_S/C_V$ | 不同保证率下降水设计值 (mm) | | | | | |
| --- | --- | --- | --- | --- | --- | --- | --- | --- |
| | | | 20% | 50% | 75% | 85% | 90% | 95% |
| 525 | 0.29 | 2.9 | 662 | 498 | 397 | 353 | 327 | 293 |

　　通过对比不同水平年理论值（表 5-1）和面平均降水序列（表 5-2），按照统计值相近且对供水不利的原则，确定丰水年（P=20%）的典型年为 1984 年，该年的面降水量为 601mm；确定平水年（P=50%）的典型年为 2005 年，该年的面降水量为 505mm；确定 P=75% 枯水年的典型年为 2007 年，该年的面降

水量为 453mm；确定 P=85% 枯水年的典型年为 2001 年，该年的面降水量为 394mm；确定 P=90% 枯水年的典型年为 2006 年，该年的面降水量为 368mm；确定 P=95% 枯水年的典型年为 1965 年，该年的面降水量为 304mm。

表 5-2　邯郸东部平原 1956~2013 年逐年面平均降水量及其经验频率

| 年份 | 序号 | 系列值（mm） | 频率（%） | 年份 | 序号 | 系列值（mm） | 频率（%） |
|---|---|---|---|---|---|---|---|
| 1956 | 2 | 808 | 3.39 | 1985 | 20 | 549 | 33.90 |
| 1957 | 42 | 454 | 71.19 | 1986 | 56 | 306 | 94.92 |
| 1958 | 7 | 700 | 11.86 | 1987 | 16 | 585 | 27.12 |
| 1959 | 17 | 569 | 28.81 | 1988 | 45 | 429 | 76.27 |
| 1960 | 26 | 523 | 44.07 | 1989 | 23 | 542 | 38.98 |
| 1961 | 11 | 606 | 18.64 | 1990 | 8 | 673 | 13.56 |
| 1962 | 36 | 479 | 61.02 | 1991 | 39 | 472 | 66.10 |
| 1963 | 1 | 1060 | 1.69 | 1992 | 58 | 265 | 98.31 |
| 1964 | 4 | 765 | 6.78 | 1993 | 9 | 658 | 15.25 |
| 1965 | 57 | 304 | 96.61 | 1994 | 27 | 522 | 45.76 |
| 1966 | 47 | 417 | 79.66 | 1995 | 35 | 497 | 59.32 |
| 1967 | 40 | 468 | 67.80 | 1996 | 15 | 592 | 25.42 |
| 1968 | 44 | 451 | 74.58 | 1997 | 55 | 319 | 93.22 |
| 1969 | 14 | 601 | 23.73 | 1998 | 24 | 538 | 40.68 |
| 1970 | 37 | 478 | 62.71 | 1999 | 51 | 387 | 86.44 |
| 1971 | 31 | 506 | 52.54 | 2000 | 3 | 785 | 5.08 |
| 1972 | 48 | 405 | 81.36 | 2001 | 50 | 394 | 84.75 |
| 1973 | 5 | 764 | 8.47 | 2002 | 54 | 338 | 91.53 |
| 1974 | 29 | 513 | 49.15 | 2003 | 6 | 754 | 10.17 |
| 1975 | 21 | 545 | 35.59 | 2004 | 41 | 455 | 69.49 |
| 1976 | 10 | 618 | 16.95 | 2005 | 32 | 505 | 54.24 |
| 1977 | 12 | 602 | 20.34 | 2006 | 52 | 368 | 88.14 |
| 1978 | 53 | 339 | 89.83 | 2007 | 43 | 453 | 72.88 |
| 1979 | 46 | 418 | 77.97 | 2008 | 25 | 533 | 42.37 |
| 1980 | 33 | 505 | 55.93 | 2009 | 18 | 566 | 30.51 |
| 1981 | 49 | 395 | 83.05 | 2010 | 38 | 475 | 64.41 |
| 1982 | 22 | 542 | 37.29 | 2011 | 28 | 517 | 47.46 |
| 1983 | 19 | 558 | 32.20 | 2012 | 30 | 507 | 50.85 |
| 1984 | 13 | 601 | 22.03 | 2013 | 34 | 498 | 57.63 |

### 5.1.1.2 点降雨过程水平年分析

采用上述同样方法，将 1956~2013 年各典型站的逐年降水量进行排频分析，各站拟合优选的 P- Ⅲ 型曲线的均值、$C_V$ 和 $C_S/C_V$ 值以及不同水平年下的相应的理论值如表 5-3 所示。

**表 5-3  邯郸东部平原各典型站点降水量在不同保证率下的设计值**（1956~2013 年）

| 典型站 | 均值（mm） | $C_V$ | $C_S/C_V$ | 不同保证率下设计值（mm） | | | | | |
|---|---|---|---|---|---|---|---|---|---|
| | | | | 20% | 50% | 75% | 85% | 90% | 95% |
| 临漳 | 545 | 0.33 | 4.12 | 673 | 506 | 413 | 376 | 356 | 332 |
| 邱县 | 523 | 0.32 | 3.37 | 648 | 494 | 400 | 360 | 337 | 308 |
| 大名 | 568 | 0.35 | 2.52 | 721 | 539 | 423 | 371 | 339 | 298 |
| 永年 | 513 | 0.34 | 2.62 | 647 | 487 | 386 | 340 | 312 | 276 |
| 磁县 | 533 | 0.34 | 2.53 | 673 | 507 | 401 | 353 | 324 | 285 |
| 张庄桥 | 507 | 0.35 | 2.63 | 642 | 480 | 377 | 331 | 304 | 268 |
| 鸡泽 | 492 | 0.33 | 2.55 | 618 | 470 | 374 | 331 | 304 | 269 |
| 魏县 | 545 | 0.34 | 2.53 | 689 | 519 | 410 | 361 | 331 | 292 |
| 广平 | 522 | 0.34 | 3.21 | 655 | 490 | 392 | 350 | 325 | 294 |
| 成安 | 523 | 0.35 | 2.89 | 661 | 492 | 389 | 344 | 317 | 283 |
| 肥乡 | 514 | 0.34 | 3.68 | 641 | 478 | 385 | 347 | 326 | 300 |
| 曲周 | 511 | 0.31 | 3.39 | 629 | 483 | 394 | 356 | 334 | 305 |
| 馆陶 | 556 | 0.34 | 2.53 | 702 | 529 | 418 | 368 | 338 | 298 |

通过比较邯郸东部平原各典型站之间的降水量相关参数，可以映射出区域不同典型站降水的时空分布特性。就多年平均降水量而言，各典型站中大名站的最大，为 568mm，鸡泽站的最小，为 492mm，体现了区域降水的空间差异性以及降水在区域东南多、西北少的分布规律。就 $C_V$ 值而言，总体上各站变差系数 $C_V$ 值差别很小，大名站和成安站的最大，为 0.35，曲周站的最小，为 0.31。这说明了区域降水年际分布的均匀情况大致相似，大名站、成安站相对曲周站而言，降水量的年际分布稍有不均。就 $C_S/C_V$ 值而言，区域各站均大于零，说明各站降水都呈正偏分布；其中临漳站的最大为 4.12，大名站的最小为 2.52，这说明大名县降水量极大值最高，也印证了大名降水偏多以及年内分配相对不均的特征。

同时，表 5-3 还反映了各站不同保证率下的点降水设计值的差异性。丰水年（P=20%）、平水年（P=50%）以及 P=75% 的枯水年对应的设计值中最大的均为大名站，分别为 721mm、539mm、423mm；最小的均为鸡泽站，分别为 618mm、470mm、374mm。P=85% 的枯水年对应设计值中临漳站最大为 376mm，鸡泽站最小为 331mm。P=90% 的枯水年和 P=95% 对应设计值中最大的均为临漳站，分别为 356mm、332mm，最小的均为张庄桥站，分别为 304mm、268mm。

## 5.1.2 多年连旱降雨情景设计

### 5.1.2.1 典型连旱年组的选择

降水是模型模拟区域水循环的最关键驱动数据，因此降水量的大小将直接关系到模型模拟输出的各项水循环要素。经过邯郸地区近 50 年降水数据的复杂性分析（栾清华等，2014；Luan et al., 2010）可知，东部年降水过程日趋不均，春季更趋于干旱。结合这一结果，本书在选取典型连旱年组时，主要考虑以下原则：①年组时间连续，且组内至少出现过重大旱情（P>85%）；②尽量选择重大旱情连续出现的干旱年组；③考虑邯郸东部平原未来工程布局，尽量选择对工程不利的年组；④ 考虑区域各站日降水数据的缺失情况。

### 5.1.2.2 未来连旱降雨过程设计

为保证各站降水序列时间上的一致性，就区域 1956~2013 年面平均年降水过程序列来进行典型年选取。根据重大旱情连续的筛选原则，有三组连续 7 年的数据满足条件，分别是 1965~1972 年、1978~1984 年和 2001~2007 年（如表 5-2 阴影部分所示）。就连续干旱的情况而言，1965~1972 年这组最好，但没有掌握各站日降水数据，不能进行年内和月内的降雨过程分配，不能采纳。后两组而言，尽管 1978~1984 年中有连续四年的枯水年，史上也确实发生了重大旱情，但这与当时没有引黄提卫和引江水等外调水工程，抗旱工程措施相对薄弱有关。考虑到现在的工程布局以及地下水压采方案的实施，本书认为，按照地下水压采方案等一系列规划，后期地下水取水日趋减少，在外调水源定量的情况下，当地地表水的存蓄能力是防止旱情发展的关键，由于 1978~1984 年的后三年为丰水年，而 2001~2007 年的后两年为连续偏枯年，考虑不利情景，本书选择 2001~2007 年作为典型代表年组设计未来 A~G 连旱情景的降水过程。为便于模拟，并考虑序列的连续性，本书分别以 2014~2020 年与 A~G 情景对应。选择设计频率时，在与原有经验频率相近原则的基础上，尽量选择提高设计频率的值，具体频率大小与原有经验频率比对情况以及相应的设计值如表 5-4 所示。

表 5-4  邯郸东部平原连旱年组降水设计值及其对应的典型年

| 典型年 | 实测值 (mm) | 经验频率（%） | 设计情景年 | 设计值 (mm) | 设计频率（%） |
|---|---|---|---|---|---|
| 2001 | 394 | 84.75 | 2014 | 395 | 85 |
| 2002 | 338 | 91.53 | 2015 | 351 | 95 |
| 2003 | 754 | 10.17 | 2016 | 682 | 20 |
| 2004 | 455 | 69.49 | 2017 | 491 | 75 |
| 2005 | 505 | 54.24 | 2018 | 465 | 50 |
| 2006 | 368 | 88.14 | 2019 | 375 | 90 |
| 2007 | 453 | 72.88 | 2020 | 466 | 75 |

注：2014~2020 设计情景年分别对应 A~G 情景。下同

在确定未来各典型站设计频率的基础上，根据表中所示的典型年，各站按同倍比计算法，即可推算得 A~G 情景设计日降水过程[①]。不同典型年各站的设计降水过程线如图 5-2~ 图 5-14 所示。

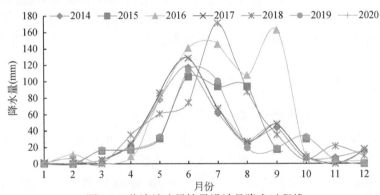

图 5-2  临漳站连旱情景设计月降水过程线

注：2014~2020 设计情景年分别对应 A~G 情景。下同

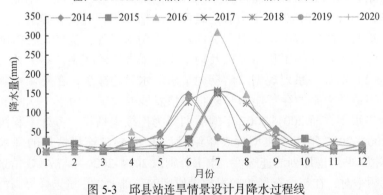

图 5-3  邱县站连旱情景设计月降水过程线

---

① 因日降水过程数据较多，图幅有限，只能展示月降水过程线。

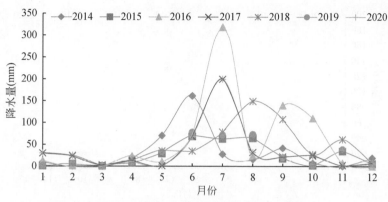

图 5-4  大名站连旱情景设计月降水过程线

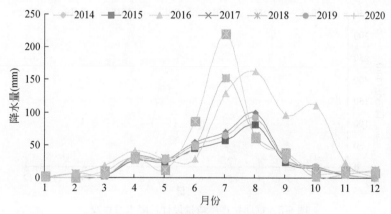

图 5-5  永年站连旱情景设计月降水过程线

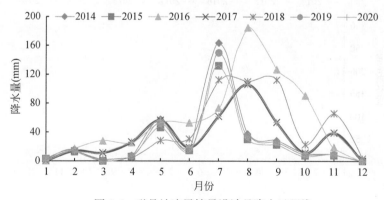

图 5-6  磁县站连旱情景设计月降水过程线

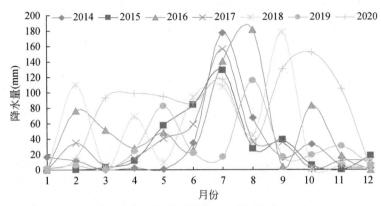

图 5-7  邯郸县站连旱情景设计月降水过程线

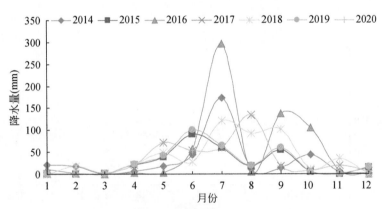

图 5-8  鸡泽站连旱情景设计月降水过程线

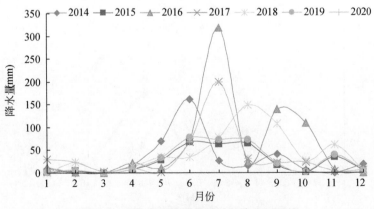

图 5-9  魏县站连旱情景设计月降水过程线

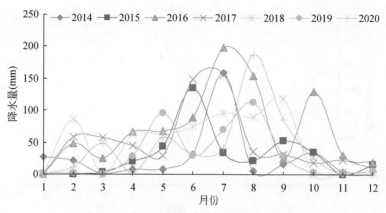

图 5-10　广平站连旱情景设计月降水过程线

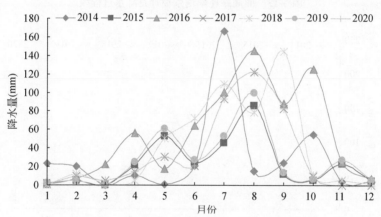

图 5-11　成安站连旱情景设计月降水过程线

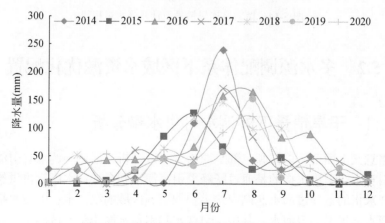

图 5-12　肥乡站连旱情景设计月降水过程线

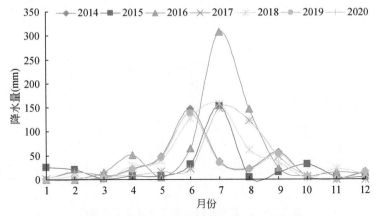

图 5-13　曲周站连旱情景设计月降水过程线

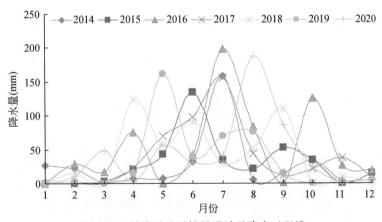

图 5-14　馆陶站连旱情景设计月降水过程线

# 5.2　多水源调配体系下区域水资源优化配置

## 5.2.1　干旱情景下外调水可供水量分析

严格意义上而言，以邯郸东部平原为受水区分析，区域外调水有引漳水、引江水和引黄水。引漳水指的是通过跃峰渠引漳河水到东武仕水库后再供给东部平原；引江水指的是通过南水北调中线工程调引到区域的汉江水；引黄水指的是调引的黄河水和提引的卫河水。其中，引江水和引黄水属于跨流域调水，而引漳水属于跨区域调水。

### 5.2.1.1 干旱情景下引漳水可供水量分析

漳河位于海河流域南端，子流域涉及山西、河南、河北三省，因漳河水资源有限，三省争水矛盾不断。特别在 20 世纪 80 年代，漳河上游出现了严重的水事纠纷事件，水利部就漳河上游涉及的山西、河北及河南的初始水权，发布了水量分配方案。因各省分配流量是由人工闸门控制，水量随降水丰枯变化的影响较小，其流量的丰枯差异性较小。因此，在模型里，A~G 设计干旱情景下每年逐月引漳水量的水量直接移用了 2001~2007 年的引水量作为输入。漳河有浊漳河和清漳河西人支流，分别通过人、小跃峰渠实现引水。图 5-15 和图 5-16 分别展示了未来干旱情景下各年逐月浊漳河（大跃峰渠）引水量过程和清漳河（小跃峰渠）引水量过程。

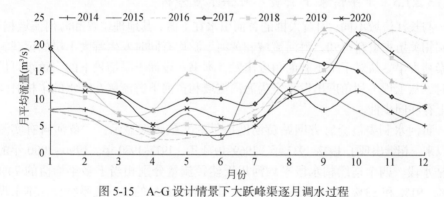

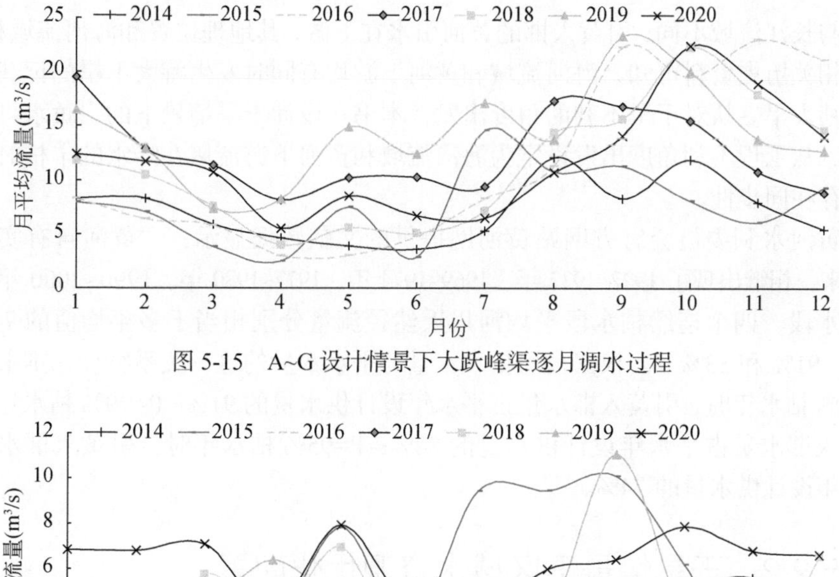

图 5-15 A~G 设计情景下大跃峰渠逐月调水过程

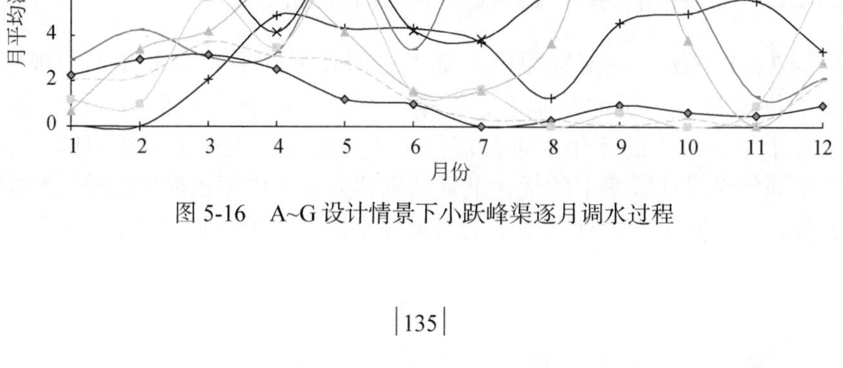

图 5-16 A~G 设计情景下小跃峰渠逐月调水过程

### 5.2.1.2　干旱情景下引江水可供水量分析

未来区域引江水的水量保证取决于区域配套工程建设的实施和进展情况。邯郸东部平原地处海河流域，从气候带而言，地处秦岭淮河以北的半湿润半干旱区域，与地处湿润地区的汉江流域有较大的差异性，查阅有关历史资料（谭徐明等，2013）并对比分析两流域发生特大干旱的时间，海河流域和长江流域在降水的丰枯时间分布上存在异步性。因此，本书在设计干旱情景下引江水可供水量时，并未考虑长江枯水情景。但截至2015年，由于配套工程建设滞后，引江水还没有完全惠及整个区域，因此在设计逐年引江水可供水量时主要考虑配套工程的实施进度，最终引江水的可供水量可达到分配的指标值。南水北调中线工程总计供给邯郸 3.52 亿 m³，除磁县县城外，其余供给均涉及邯郸东部平原。

### 5.2.1.3　干旱情景下引黄水可供水量分析

与长江流域不同，引黄入邯的黄河引水在下游，其地理位置和海河流域相邻，查阅相关历史资料可知，海河流域和黄河下游均有同时发生特大干旱的记载，譬如崇祯大旱。从对干旱不利的角度出发，本书在设计干旱情景下的引黄水可供水量时，从工程不利角度出发设定为海河流域和黄河下游流域在降水的丰枯时间分布上存在同步性。

黄河水利委员会官方网站黄河网提供的文献数据显示："黄河自有实测资料以来，相继出现了 1922~1932 年、1969~1974 年、1977~1980 年、1990~2000 年的连续枯水段，四个连续枯水段平均河川天然径流量分别相当于多年均值的 74%、84%、91% 和 83%"。根据黄河枯水水量与平水水量的这一关系特征，本书设定 P=75% 枯水年时，引黄入邯水量占平水年设计供水量的 91%；P=90% 枯水年时，引黄入邯水量占平水年设计供水量的 84%；P=95% 枯水年时，引黄入邯水量占平水年设计供水量的 74%。

## 5.2.2　干旱情景下区域水资源优化配置

根据 2.2.1 节所示的配置原则，基于对邯郸东部平原多水源工程规模、供水范围、供水对象分析的基础上，根据区域经济产业规划布局，就区域 A~G 情景设计干旱情景下的逐年水资源进行了优化配置。根据干旱年组的频率设计情况，不同年份设计频率下的优化配置结果即为未来供用水模块的输入数据。为分析方便，将不同年份设计频率下的结果分水源进行统计汇总如表 5-5 所示，不同水源占总水量的百分比如表 5-6 所示。

表 5-5　邯郸东部平原分水源优化配置结果 　　　　（单位：万 m³）

| 频率（%） | 设计情景年 | 年地表水 | 年外调水 | 年地下水 | 年非常规水 | 合计 |
|---|---|---|---|---|---|---|
| 85 | 2014 | 19 188 | 21 637 | 127 889 | 14 470 | 183 185 |
| 95 | 2015 | 15 303 | 19 816 | 130 979 | 14 470 | 180 569 |
| 20 | 2016 | 40 443 | 31 625 | 105 443 | 15 676.52 | 193 188 |
| 75 | 2017 | 28 574 | 35 916 | 113 022 | 19 665 | 197 176 |
| 50 | 2018 | 54 702 | 51 410 | 75 659 | 27 558.36 | 209 330 |
| 90 | 2019 | 28 091 | 41 662 | 97 251 | 30 319 | 197 322 |
| 75 | 2020 | 48 528 | 64 413 | 68 831 | 33 167 | 214 939 |

表 5-6　邯郸东部平原分水源优化配置比例 　　　　（单位：%）

| 频率 | 设计情景年 | 年地表水 | 年外调水 | 年地下水 | 年非常规水 |
|---|---|---|---|---|---|
| 85 | 2014 | 12 | 13 | 79 | 9 |
| 95 | 2015 | 10 | 12 | 81 | 9 |
| 20 | 2016 | 25 | 20 | 65 | 10 |
| 75 | 2017 | 18 | 22 | 70 | 12 |
| 50 | 2018 | 35 | 33 | 48 | 17 |
| 90 | 2019 | 18 | 27 | 62 | 19 |
| 75 | 2020 | 32 | 43 | 46 | 22 |

　　根据表 5-5 可知，设计干旱情景下未来区域总供水量和不同水源供水量的变化，A~G 情景阶段，就总供水量而言，区域总配置水量由 18.3 亿 m³ 增加到 21.5 亿 m³，共增加了 17.5%；就不同水源而言，外调水由 2.16 亿 m³ 增加到 6.44 亿 m³，非常规水由 1.45 亿 m³ 增加到 3.32 亿 m³，地下水呈下降趋势。尽管当地地表水受到降水丰枯性变化较大，但整体而言，地表水供水量也呈现出增加的趋势，在特枯的 F 情景下，配置的地表水为 2.81 亿 m³，同样枯水年的 A 情景年地表水仅为 1.92 亿 m³。

　　表 5-6 展示了各年优化配置后的水源比例。为更进一步清晰显示区域各水源比例的逐年变化情况，将该表所示数据绘制成百分比柱状图（图 5-17）。可知地下水是比例变化最大的水源，由 A 情景 79% 锐减到 50% 左右；其次是外调水源，由 10% 增加到 43%。通过此次优化配置，非常规水源比例也大幅增加，由 9% 增加到 22%。除非常规水外，其他水源受到降水量丰枯的一定影响，不同的水平年，在各自增减的大趋势下，其比例呈现一定程度的波动。其中枯水年 D 情景和 F 情景其地表水比例较少；根据设定引黄水与当地地表水丰枯同步的原则，引

黄水也随干旱程度的增加而减少，因此相应的，总的外调水比例随干旱程度增加也有所减少，但地下水供水比例有所增加，体现了地下水对干旱的应急作用。

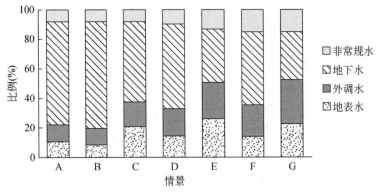

图 5-17　邯郸东部平原分水源优化配置比例

　　总体而言，引黄、引江实施后，区域供水水源更趋多元化，各水源比例更趋均匀化。尽管地下水水源比例大幅下降，但根据配置结果可知，设计干旱情景下第 4 年，地下水仍是供水比例最大的水源。随着压采的进一步实施，南水北调中线二期的建设，地下水供水比例势必还会逐渐降低。

## 5.3　多水源调配体系下区域干旱应急水源的定量预估

### 5.3.1　干旱情景下地下水蓄量变化预测及分析

　　将 5.1 节设计的未来 7 年日降雨过程以及 5.2 节配置的供用水情况输入模型中，通过模型模拟，得出未来连续 7 年浅层地下水蓄水量变化和深层地下水蓄量变化，模型模拟的 1998~2020 年[①]深浅层地下水蓄水量变化如图 5-18 所示；为方便分析比较，将同时期逐年降水量（指区域面积内的降水量）过程一并在图 5-18 中绘出。
　　由图 5-18 可知，全区域浅层地下水蓄量的正负相变较为频繁，深层地下水蓄量尽管呈现上升趋势，但一直呈现负相态，说明深层地下水一直处于超采状态，但超采的形势在逐年缓解。
　　比较降水和供用水量情况，深层地下水蓄变情况与地下水取用量密切相关，与年降水量的关系不是很密切。其中，2008~2012 年，深层地下水蓄变量负相幅

---

① 以下，为方便绘图，A~G 情景分别逐一对应设计的 2014~2020 年。

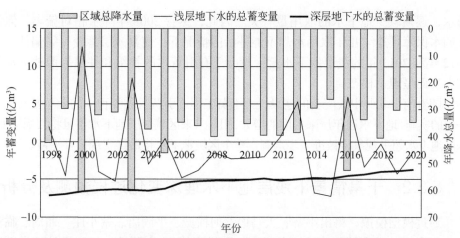

图 5-18　区域面降水量及深浅层地下水蓄水量模拟（1998~2020 年）

度呈平稳态势；2012~2013 年的这一阶段，深层地下水蓄变量负相幅度略微下降，曲线略微同升；之后即设计未来 A~G 情景下，其负相幅度呈明显减少趋势，年蓄变量曲线回升显著。上述不同阶段蓄变量曲线变化梯度映射了不同水利工程和涉水政策的作用。2012~2013 年，深层蓄变量负相幅度略微下降反映了 2012 年引黄配套建成后发挥的作用；设计 A~G 情景其负相幅度呈明显减少趋势映射了实施地下水压采方案以及引江、引黄逐渐替代地表水的成效。

与深层地下水蓄变情况不同，全区域浅层地下水蓄变情况不仅与取用水情况有关，而且与降水量过程相关程度更为密切。主要体现在以下几点。

1）蓄量正负相与当年降水的丰枯性变化密切相关，且蓄量幅度变化与降水量的大小相关。由图 5-18 可知，在 1998~2020 年的浅层地下水蓄量变化过程中，呈现正值的为 2000 年、2003 年、2005 年、2013 年和 2016 年（C 情景）。特别是在 2000 年（经验频率 5.08%）、2003 年（经验频率 10.17%）和 2016 年（C 情景，经验频率 20%）这三个偏丰年内（表 5-2、表 5-4），其浅层地下水蓄量明显增加；并且由图可知，浅层蓄变量的大小排序与降水量的大小排序一致。这充分反映了区域浅层地下水的补排途径和特征：丰沛的降水可直接垂向渗透或转换为河道径流侧向渗漏，大量补给了区域的浅层地下水。

2）当年蓄量变幅的大小与前几年降水的丰枯性变化和取用水变化也相关。在此，以 2008 年、2012 年、2013 年为例进行阐述。由表 5-2 可知，2008 年（经验频率 42.37%）较 2012、2013 年（经验频率分别为 50.85% 和 57.63%）而言偏丰，但 2008 年浅层蓄变量呈现负相，2012 年及 2013 年的却呈现了正相。形成这一现象的原因除了与 2008 年以前连续 4 年的降水偏枯外，还与 2010 年以后区域引黄通水，逐渐减少地下水的取用量有关。因此，尽管 2008 年降水相对偏丰，但无外调水保障且连续几年取用水却不能补给的情况下，使其浅层蓄变持续偏低，而 2012 年和 2013 年的浅层地下水蓄变量由于有引黄水的补给和井灌提取地下水的减少反而呈现正相态。

随着南水北调中线配套的建设，大引黄工程（引黄入冀工程）的上马及其配套工程的实施，地下水逐年压采力度的增大，相信未来区域浅层地下水蓄量将大幅增加，深层地下水超采现象将被进一步遏制，整个区域地下水将最终实现采补平衡。

## 5.3.2 干旱情景下浅层地下水埋深变化过程预测及分析

通过模型模拟，得出小寨、大马堡、何横城、平固店、蔡小庄、曲周、临洺关、张庄桥、辛安镇、临漳、龙王庙、魏僧寨等 12 个测站，未来设计情景下连续 7 年浅层地下水埋深的逐年变化过程，模型模拟的各站 A~G 情景浅层地下水埋深逐年变化如图 5-19 所示。

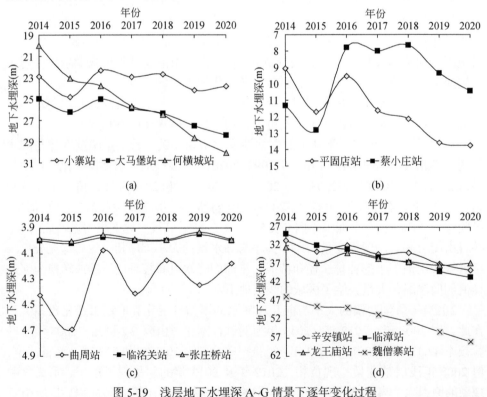

图 5-19 浅层地下水埋深 A~G 情景下逐年变化过程

可知全区域浅层地下水埋深，12 个测站的逐年变化中：曲周站波动中呈显著上升趋势；小寨站、临洺关及张庄桥站变化不明显，且变化幅度较小；蔡小庄站地下水埋深先上升后回落的趋势；剩下的 7 个测站总体呈下降趋势。而各站呈上升趋势的年份均为 B~C 情景阶段和 D~E 情景阶段，与年降水量和年蓄变量的变化趋势相同，以年降水量和年蓄变量变化较为明显的 B~C 情景阶段来看，随着降雨量的明显增加，各测站地下水埋深除了何横城和临漳站外，其余 10 个测站地下水埋深均有不同程度的提升，其中，蔡小庄站变化最为明显，从 B 情景的 13m，提升到 C 情景的 8m。说明地下水埋深除了与地下水取用量有关外，与年降水量和年蓄变量都关系密切。

## 5.3.3　干旱情景下深层地下水年蓄量变化预测及分析

5.3.1 节分析的是整个区域深层水的蓄变情况，只是面上的一个均值。鉴于区域水文地质参数在空间上的差异性（图 4-10 ~ 图 4-13），模拟可得不同计算网格的水头变幅情况。本书地下水数值计算总共涉及 1942 个计算单元网格（如图 4-9 所示），对这 1942 个网格上的深层地下水逐年（A~G 情景）水头变幅（$\Delta H$）情况进行统计，不同变幅的网格数汇总如表 5-7 所示，逐年的趋势如图 5-20 所示。

**表 5-7　设计情景下计算单元网格深层地下逐年水头变幅个数统计**

| $\Delta H$ 等级 | $\Delta H$(m) | 情景 | | | | | | |
|---|---|---|---|---|---|---|---|---|
| | | A | B | C | D | E | F | G |
| 0 | <-10 | 370 | 333 | 252 | 180 | 152 | 92 | 83 |
| 1 | [-10,-4) | 1423 | 1585 | 1256 | 1066 | 911 | 1034 | 870 |
| 2 | [-4,-2) | 149 | 24 | 400 | 634 | 790 | 777 | 874 |
| 3 | [-2,0] | 0 | 0 | 34 | 62 | 89 | 39 | 115 |

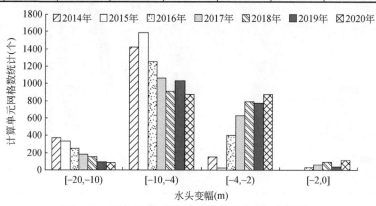

图 5-20　设计情景下深层地下水头变幅逐年变化过程

由上述图表可知，多水源工程和地下水压采的成效不仅在逐年深层地下水蓄量上有所体现，在水头变幅的逐年变化过程及空间展布上也有体现。

从图 5-20 所示的深层地下水头变幅逐年（A~G 情景）变化可以发现，10m以上降幅的单元网格个数逐年减少，即该范围内地下水头降幅在平原区的面积是逐渐缩小的；4~10m 降幅的面积有一定波动，但总体趋势也是缩小的，2015 年扩大的原因可能在于该年份为 95% 特枯年份，同时受前一年干旱的影响，地下水开采增加幅度大；4m 以下降幅的区域面积则呈现扩大的趋势。从整体逐年统计上看，深层地下水是逐渐恢复的，可见地下水压采与和引黄置换等工程的作用不可忽视。

按照表 5-7 所示，将设计 A~G 情景下模型计算单元网格的深层地下水逐年水头变幅进行属性划分，并在区域内进行空间展布，如图 5-21~ 图 5-27 所示。

A 情景为 85% 枯水年，降水偏少，灌溉用水增加，地下水开采增加，导致深层地下水头在空间分布上均出现不同程度的降低，如图 5-21 所示。此情景 F 年深层地下水头降幅均在 2m 以上，降幅在 4~10m 的网格单元分布最为普遍，计数高达 1423 个，在全区分布较为均匀，以中部偏西地区分布较为集中；水头降幅在 2~4m 的平原区面积仅有不到 600km$^2$，占总面积的 7.9%，主要分布在西部山前地区以及中部偏东的区域应由地下水头降幅大于 10m 的范围分布较

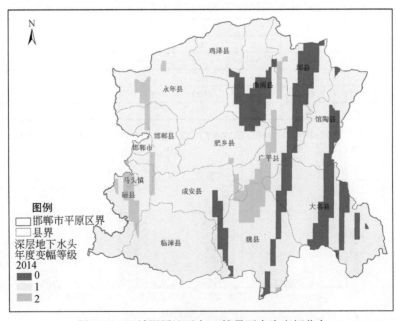

图 5-21  区域深层地下水 A 情景下水头变幅分布

为零散，但主要分布在平原区东部，呈南北走向，自西向东间隔分布，占总面积的 19.5%。

B 情景为特枯年份，地下水开采现象较重，如图 5-22 所示。地下水头降幅大于 10m 的面积较 2014 年略微减少，且降幅仍然呈现南北走向、自西向东间隔分布的趋势。同时降幅处于 2~4m 范围的面积几乎消失，仅有 48km$^2$，处于平原区与山丘区交界的位置。除此之外，地下水头降幅均在 4~10m 之间，是邯郸东部平原区深层地下水变幅主要特征。

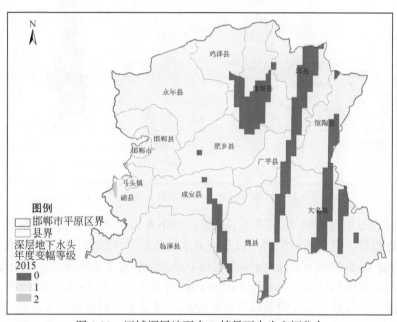

图 5-22　区域深层地下水 B 情景下水头变幅分布

C 情景为连续枯水年之后的丰水年，降水对地下水补给增加，特别区域山前补给的增加造成地下水头降幅进一步减小。与其他年份不同，该年水头变幅现象整块分布并自西向东变化逐渐增加，也显示了地下水头降幅自西向东呈增加趋势：山丘区与平原区交界的区域地下水头降幅出现了小于 2m 的现象，尽管水头仍然以下降为主，但至少开始出现降幅减小的趋势；降幅在 2~4m 的区域面积较 B 情景的明显增加；上述两条与降水增多造成山前侧面补给增多密切相关。降幅在 4~10m 的范围仍然占据主要地位，且分布在平原区中部，其东部则分布着地下水头降幅大于 10m 的高强度超采区。由区域历史降雨资料分析可知，大名、馆陶年内分配极为不均，尽管全年降水偏丰但作物关键生长期降雨偏少造成井灌取水增加反而会加速深层地下水的进一步下降（图 5-23）。

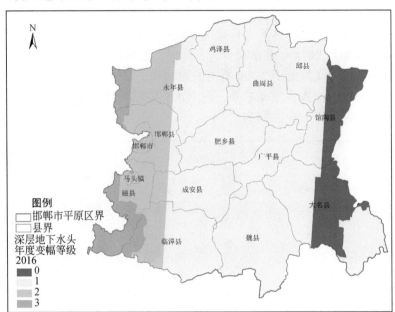

图 5-23　区域深层地下水 C 情景下水头变幅分布

　　D 情景为 75% 枯水年，降水不足导致地下水开采相应增加，深层地下水头仍呈下降趋势，但引黄量的增加以及地下水的压采等工程对地下水位降低的趋势有所缓解。图 5-24 显示的是 75% 降水频率年份深层地下水降幅的空间分布特征。平原区西部以降幅区间 2~4m 与 4~10m 间隔分布为主，0~2m 降幅的范围较 2016 年明显减少，仅在 2~4m 的条带中零星分布，可见干旱对区域用水的影响比较明显；平原区东部则呈现出 2~4m、4~10m 和 >10m 三类降幅区间交替分布的特点，在三维空间上几乎呈波状分布，小于 2m 降幅的面积也零星分布在 2~4m 的条带中。从大的空间趋势上看，仍然是东部地下水头降幅大于西部地下水头降幅，呈自西向东波状减小的趋势。

　　E 情景的年降水频率为 50%，属平水年，降水量比 D 情景有所增加，但对缓解深层地下水头下降的趋势作用并不显著，与 D 情景的相比，总的幅度变化不是很明显。但以降幅 4m 为界，小于 4m 降幅的区域面积有所增加，大于 4m 降幅的区域有所减小，总体上显示地下水仍旧是有所改善的。此情景下深层地下水水头降低幅度的空间分布如图 5-25 所示。

　　F 情景深层地下水头降幅空间分布如图 5-26 所示。枯水年邯郸平原区深层地下水仍然呈下降趋势，但由于地下水压采及多水源供水，使地下水的开采量降低。

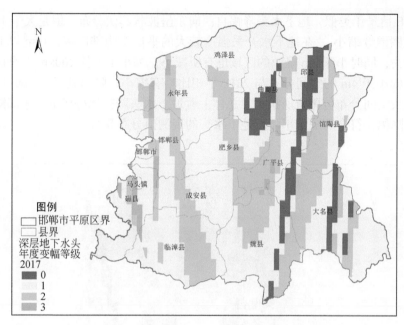

图 5-24 区域深层地下水 D 情景下水头变幅分布

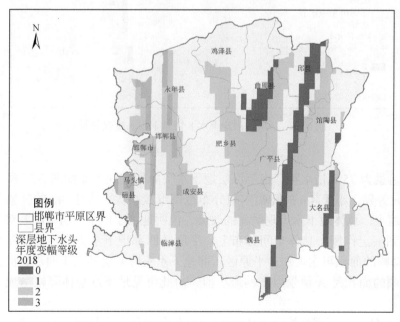

图 5-25 区域深层地下水 E 情景下水头变幅分布

与 D、E 情景年类似，地下水头降幅自西向东呈波状起伏分布，但是大于 10m 降幅的范围继续缩小，在地下水开采强度较大的平原东南部区域，10m 以上降幅已经消失；同时小于 2m 降幅的区域也有所减小，缩小了大约 200km² ；全区地下水头降幅小于 4m 的空间分布与 2018 年相比略有缩小，降幅处于 4~10m 区间的地下水头空间分布范围有所扩大。总体上看地下水头降幅保持稳定，东部降幅大于西部降幅，符合历史干旱年份地下水头的观测值分布趋势。

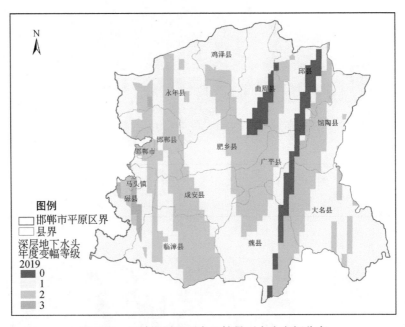

图 5-26 区域深层地下水 F 情景下水头变幅分布

G 情景为 75% 枯水年，当年深层地下水头降幅空间分布如图 5-27 所示。以降幅 4m 为界，小于 4m 的降幅空间分布范围继续扩大，大于 4m 的降幅空间分布继续缩小，总体地下水出现明显的改善，说明地下水压采与引黄灌溉对地下水恢复起到一定作用。总体空间分布上，平原区西部地下水头降幅继续缩小，小于 2m 降幅的面积再次增加；平原区东部地下水头降幅仍然大于西部，但是大于 10m 降幅的面积是 A 情景以来的最小值，由此可见地下水总体降幅呈现下降的趋势。

综上分析，邯郸平原区地下水头降幅在空间分布上呈现南北带状分布、由

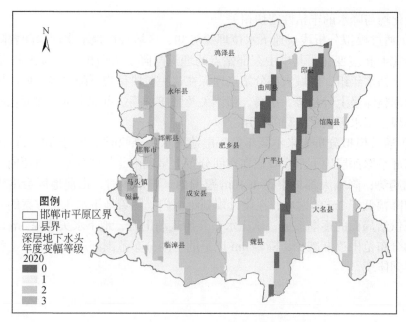

图 5-27　区域深层地下水 G 情景下水头变幅分布

西向东起伏增大的趋势；地下水头 4m 以上降幅在空间的分布范围逐渐减少，4m 以下降幅的空间分布范围则逐渐增加，说明地下水压采与多水源供水对地下水的修复具有显著作用。上述分析主要针对连续枯水年，若情景设置为丰水年，则山前侧渗补给量必然增大，有可能对深层地下水超采的修复更加有利。

## 5.4　小　　结

1）在对长序列面降水数据排频分析的基础上，设计了未来干旱情景下每年的日降水过程。按照第 2 章优化配置原则，根据区域供水水源规划和布局，对区域水资源进行了配置，对未来干旱情景下的水源构成进行了分析，结果表明，多水源工程体系下，地下水比例逐渐降低，外调水和非常规水比例逐步提高，地表水受降水影响较大，但其比例仍呈现上升趋势。未来，区域供水水源更趋多元化，各水源比例更趋均匀化。

2）尽管多水源工程和地下水压采实施后区域深层地下水的状态仍处于超采状态，但已呈现逐年恢复的趋势；浅层地下水蓄变量呈现正负交替的相位变化。深层地下水压采与人类取用水量密切相关，而浅层地下水蓄变量正负相位变化和幅度变化均与降水的丰枯性密切相关。

3）通过模拟分析浅层地下水位埋深可知，区域浅层地下水埋深随着降水丰枯性变化而相应变化，其中中东部站点的埋深与降水密切相关。因 A~G 情景设计为连续枯水年组，区域大部分站点埋深在这一阶段呈现下降趋势，但曲周站的水位埋深整体呈上升趋势，小寨、临洺关及张庄桥等站点的水位埋深变化趋势平稳，体现了多水源调配工程的作用。

4）通过模拟分析未来不同年份深层地下水头降幅时空变化情况，得出整个邯郸东部平原深层地下水头降幅在空间分布上呈现南北带状分布、由西向东起伏增大的趋势；降幅大都集中在 4~10m 范围内，丰水年时，山前地区会出现少部分水位降幅低于 2m 的区域；在设计规划年组内，随着地下水压采方案的实施和多水源供给局面的逐渐形成，承压水头开始逐渐上升，地下水头降幅 4m 以上在空间的分布范围逐渐减少，降幅 4m 以下的空间分布范围则逐渐增加，工程效应逐渐得到体现。

# |第 6 章| 多水源调配体系下区域农业干旱的定量评价

农业干旱是最具复杂性的一种干旱，不仅受到天气气候、土壤岩性等自然因素影响，还受到作物种类和供水条件等人为因素的影响。如上所述，农业干旱的产生与"自然－社会"二元水循环过程密切相关，是极端情景下区域二元水循环的伴生结果。随着水库、灌区以及调水工程的不断建设，在作物种类相对固定的区域内，人工灌溉调控对区域土壤墒情的影响愈加显著。本书在用水总量、用水效率红线以及农业地下用水总量红线的控制下，考虑区域多种水源对农业灌溉的影响，基于区域农田水循环模拟的结果进行了区域农业干旱的定量预估，为区域干旱预警提供了重要的技术支撑。

## 6.1 多水源调配典型区的灌溉制度设计

### 6.1.1 干旱情景下农业供水优化调配

基于 5.2 节区域各水源逐年优化配置结果（表 5-6），依据 2.2.2 节区域农业用水优化配置原则和区域未来经济规划中农业发展部分，对邯郸东部平原未来干旱情景下的农业供用水进行了分水源优化调配，区域逐年配置结果如表 6-1 所示，分水源优化供水比例如表 6-2 所示。

由表 6-1 可知，从供水总量上来看，未来设计情景下区域逐年农业用水略呈上升趋势，到 G 情景时，优化分配的年农业供水量约为 16 亿 $m^3$。就不同地表水源而言，外调水和水库及河道供水量都呈明显上升趋势，到 G 情景时，不同水源优化分配的年供水量分别为 3.92 亿 $m^3$、4.02 亿 $m^3$ 和 0.53 亿 $m^3$；较取用水较少的 C 情景而言，分别增加了约 1.65 倍、3.27 倍和 2.76 倍。非常规水源也是供水量增加较显著的水源，设计阶段内，增加了约 1.25 倍。就地下水而言，无论浅层地下水还是深层地下水，均呈减少趋势，其中，逐年深层地下水供水量锐减，由 A 情景年的 1.16 亿 $m^3$ 减少到 G 情景年的 0.19 亿 $m^3$，减少了约 83.4%；浅层地下水的供水量减少率尽管只有 29% 左右，但其减少的数量可观，约 3 亿 $m^3$。

表 6-1　邯郸东部平原分水源农业优化逐年供水量（A~G 情景）（单位：万 $m^3$）

| 情景 | 河道供水 | 水库供水 | 浅层地下水 | 深层地下水 | 外调水 | 非常规水 | 合计 |
|---|---|---|---|---|---|---|---|
| A | 1 467.1 | 12 388.4 | 93 683.3 | 11 630.6 | 16 591.5 | 6 929.1 | 142 690 |
| B | 1 420.1 | 9 411.8 | 95 666.5 | 11 630.6 | 14 770.5 | 6 929.1 | 139 828.6 |
| C | 6 137.3 | 24 589.4 | 81 947.5 | 8 626.7 | 21 533.7 | 8 181.1 | 151 015.7 |
| D | 3 145.6 | 18 869.1 | 90 837.9 | 6 559.5 | 20 778.8 | 9 557.0 | 149 747.8 |
| E | 7 644.5 | 38 997.2 | 64 265.5 | 3 947.2 | 29 584.7 | 11 057.4 | 155 496.4 |
| F | 2 482.8 | 22 826.1 | 74 607.4 | 3 210.1 | 26 524.9 | 12 817.8 | 142 468.9 |
| G | 5 338.8 | 40 237.9 | 57 808.3 | 1 928.3 | 39 208.5 | 15 566.2 | 160 087.9 |

表 6-2　邯郸东部平原分水源农业优化逐年供水比例（A~G 情景）（单位：%）

| 情景 | 河道供水 | 水库供水 | 浅层地下水 | 深层地下水 | 外调水 | 非常规水 |
|---|---|---|---|---|---|---|
| A | 1.0 | 8.7 | 65.7 | 8.2 | 11.6 | 4.9 |
| B | 1.0 | 6.7 | 68.4 | 8.3 | 10.6 | 5.0 |
| C | 4.1 | 16.3 | 54.3 | 5.7 | 14.3 | 5.4 |
| D | 2.1 | 12.6 | 60.7 | 4.4 | 13.9 | 6.4 |
| E | 4.9 | 25.1 | 41.3 | 2.5 | 19.0 | 7.1 |
| F | 1.7 | 16.0 | 52.4 | 2.3 | 18.6 | 9.0 |
| G | 3.3 | 25.1 | 36.1 | 1.2 | 24.5 | 9.7 |

在受降水丰枯特性影响方面，当地地表可供水量、外调水（主要是引漳水及引黄水）供水量以及浅层地下水可供水量与区域降水量密切相关，这些水源供水量在各自增减的大趋势下，有小范围的波动变化。其中，河道、水库等当地地表供水与外调水供水量在枯水年（D 情景和 F 情景）有所减少，但浅层地下水因水源保障较好，为保证作物需水在枯水年其分配水量反而有所增加，在丰水年（C情景和 E 情景）有所减少。因实施地下水压采方案，区域深层地下水每年分解了压采任务（邯郸市水利局，2014），相对而言，受降水丰枯特性影响较小。非常规水源与区域污水处理厂的改扩建工程密切相关，且供水总量较少，因此基本不受降水丰枯的影响。

由表 6-2 可以了解区域不同水源供给农业的比例。为更进一步清晰显示区域各水源比例的逐年变化情况,将表 6-2 所示数据绘制百分比柱状图(图 6-1)。可知,非常规水所占比例明显增加,浅层地下水比例明显减少,外调水比例和水库水比例有所增加,河道水比例波动性较大。因区域农业用水总量增加不是很多,因此,有关受降水丰枯变化影响方面,各水源比例响应变化与供水量的响应变化具有同步性和一致性,在此不再赘述。

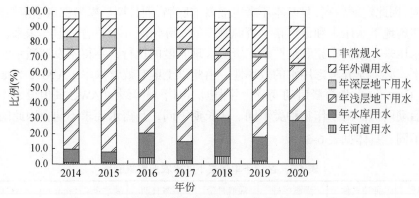

图 6-1   各水源农业优化供水比例示意(2014~2020 年)

## 6.1.2   干旱情景下的灌溉制度设计

在上述农业用水优化配置结果的基础上,考虑适水农业的发展,基于 2.2.2 节阐述的灌溉制度设计原则,在原有的灌溉制度(表 4-11)上进行修订,如表 6-3 所示。依据设定原则,新的灌溉制度与原有制度相比,其不同主要体现在如下几个方面。

1)基于实际调研的基础上,考虑的作物种类更为繁多。原有的灌溉制度涉及的作物只是区域主要的作物,在不同县区设定灌溉制度时,灌溉面积较少的作物种类并没有被考虑进去,在大水漫灌的灌溉方式以及充分保证灌溉次数的灌溉制度下,这些种类考虑与否对模型模拟结果影响较小。但在同一生长期内,不同作物生长需水不同,而区域降水量年内差异较大,同一作物不同季节所需的灌溉定额亦有差异,在非充分灌溉制度和用水总量控制下,基于模拟精度的考虑,这些差异应该被考虑。因此特别增加了夏花生、夏玉米等夏季播种作物的灌溉制度和棉间蔬菜、棉间瓜果等不同混合轮作作物的灌溉制度。

2)考虑非充分灌溉,灌溉次数减少,灌溉定额减少。在农业用水总量控制下,基于非充分灌溉思想,只针对作物生长的关键期进行灌溉,减少灌溉次数和定额。

以冬小麦－夏玉米的灌溉制度为例，去掉了5月25日的一次灌溉。考虑区域主汛期降雨的可能性，去掉了所有作物在8月份的一次灌溉。在灌溉定额上，参考区域内作物亏缺试验（峰峰农业气候资源考察组，1985；李晋生等，2002；郭秀林和李广敏，2002）降低了灌水定额。

3）设定灌溉启动变量及阈值。以往模型模拟计算时，灌溉方式选择的是大水漫灌，因此定额较高，且基本不考虑灌溉前底墒，到日期后模型就启动灌溉运算，这与实施地下水压采和最严格水资源制度的实际情况并不符合。但在未来，由于地下水压采方案的实施和最严格水资源管理制度的执行，不得不发展适水农业的前提下，必须充分考虑用水的效率性，由此以土壤有效含水率（AWC，Available Water Capacity）为灌溉启动变量，并根据不同干旱等级的AWC阈值设定作物的灌溉启动阈值。由于作物种类不同、成长期不同，其需水要求不同，因此阈值也有所不同，具体见表6-3。

表6-3　区域干旱情景下适水农业灌溉制度

| 编号 | 种植名称 | 灌溉序号 | 灌溉月份 | 灌溉日期 | 灌水定额（mm） | AWC阈值 |
|---|---|---|---|---|---|---|
| 1 | 冬小麦 | 1 | 4 | 1 | 45 | 0.38 |
| 2 | 冬小麦 | 2 | 5 | 11 | 45 | 0.38 |
| 3 | 冬小麦 | 4 | 9 | 29 | 60 | 0.5 |
| 4 | 夏花生 | 2 | 9 | 5 | 45 | 0.38 |
| 5 | 夏薯 | 2 | 9 | 5 | 45 | 0.38 |
| 6 | 棉花 | 2 | 8 | 28 | 0 | 0.48 |
| 7 | 春油菜 | 1 | 3 | 26 | 60 | 0.50 |
| 8 | 春谷子 | 1 | 4 | 22 | 60 | 0.50 |
| 9 | 春谷子 | 2 | 7 | 18 | 45 | 0.38 |
| 10 | 春大豆 | 1 | 4 | 16 | 60 | 0.50 |
| 11 | 春大豆 | 2 | 7 | 10 | 45 | 0.38 |
| 12 | 春薯 | 1 | 4 | 29 | 60 | 0.50 |
| 13 | 春玉米 | 1 | 4 | 21 | 60 | 0.50 |
| 14 | 春玉米 | 2 | 7 | 10 | 45 | 0.38 |
| 15 | 林果 | 1 | 4 | 18 | 45 | 0.38 |
| 16 | 林果 | 2 | 5 | 20 | 45 | 0.38 |
| 17 | 棉间蔬菜 | 1 | 4 | 26 | 60 | 0.50 |
| 18 | 棉间蔬菜 | 2 | 9 | 1 | 45 | 0.38 |
| 19 | 棉间瓜类 | 1 | 4 | 26 | 60 | 0.50 |
| 20 | 棉间瓜类 | 2 | 9 | 1 | 45 | 0.38 |
| 21 | 蔬菜 | 1 | 3 | 11 | 60 | 0 |

续表

| 编号 | 种植名称 | 灌溉序号 | 灌溉月份 | 灌溉日期 | 灌水定额（mm） | AWC 阈值 |
|------|----------|----------|----------|----------|----------------|----------|
| 22 | 蔬菜 | 2 | 4 | 11 | 60 | 0 |
| 23 | 蔬菜 | 3 | 5 | 11 | 60 | 0 |
| 24 | 蔬菜 | 4 | 6 | 22 | 60 | 0 |
| 25 | 蔬菜 | 5 | 7 | 22 | 60 | 0 |
| 26 | 麦复夏大豆 | 1 | 4 | 1 | 45 | 0.38 |
| 27 | 麦复夏大豆 | 2 | 5 | 11 | 45 | 0.38 |
| 28 | 麦复夏大豆 | 6 | 9 | 29 | 60 | 0.50 |
| 29 | 麦复夏谷子 | 1 | 4 | 1 | 45 | 0.38 |
| 30 | 麦复夏谷子 | 2 | 5 | 11 | 45 | 0.38 |
| 31 | 麦复夏谷子 | 3 | 5 | 25 | 0 | 0.38 |
| 32 | 麦复夏谷子 | 6 | 9 | 29 | 60 | 0.50 |
| 33 | 麦复夏花生 | 1 | 4 | 1 | 45 | 0.38 |
| 34 | 麦复夏花生 | 2 | 5 | 11 | 45 | 0.38 |
| 35 | 麦复夏花生 | 5 | 9 | 5 | 45 | 0.38 |
| 36 | 麦复夏花生 | 6 | 9 | 29 | 60 | 0.50 |
| 37 | 麦复夏薯 | 1 | 4 | 1 | 45 | 0.38 |
| 38 | 麦复夏薯 | 2 | 5 | 11 | 45 | 0.38 |
| 39 | 麦复夏薯 | 4 | 6 | 17 | 60 | 0.50 |
| 40 | 麦复夏薯 | 5 | 9 | 1 | 45 | 0.38 |
| 41 | 麦复夏薯 | 6 | 9 | 29 | 60 | 0.50 |
| 42 | 麦复夏玉米 | 1 | 4 | 1 | 45 | 0.38 |
| 43 | 麦复夏玉米 | 2 | 5 | 11 | 45 | 0.38 |
| 44 | 麦复夏玉米 | 6 | 9 | 29 | 60 | 0.50 |
| 45 | 麦复蔬菜 | 1 | 4 | 1 | 45 | 0.38 |
| 46 | 麦复蔬菜 | 2 | 5 | 11 | 45 | 0.38 |
| 47 | 麦复蔬菜 | 4 | 6 | 22 | 60 | 0 |
| 48 | 麦复蔬菜 | 5 | 7 | 22 | 60 | 0 |
| 49 | 麦复蔬菜 | 7 | 9 | 29 | 60 | 0.5 |
| 50 | 油菜复夏大豆 | 1 | 3 | 26 | 60 | 0.5 |

# 6.2　连旱情景下区域农业干旱的定量评价

将干旱情景下设计的日降雨过程、计算得出的供用水优化配置结果、设定的灌溉制度以及构建的 SM-AWC 干旱指标输入不同的计算模块（图 4-2）中，通过区域构建的模型计算可得未来干旱情景下逐日土壤 SM-AWC 值，进而根据不同阈值（表 2-9）进行区域干旱的判定及评估。由于冬小麦和麦复玉米（即冬小麦夏玉米轮作）是邯郸东部平原最主要的种植模式，拔节—抽穗—灌浆初期，又是冬小麦[①]生长的最关键时期(峰峰农业气候资源考察组，1985；李晋生等，2002；郭秀林和李广敏，2002），因此以 SM-AWC 为干旱评价指标，就区域冬小麦 A~G 情景下逐年旱情进行模拟，并就该生长期开展对比分析。

## 6.2.1　农业干旱空间演变的差异性特征及其分析

依据 20 世纪 80 年代邯郸组成的农业气候资源考察组的研究成果，邯郸东部平原冬小麦拔节—抽穗—灌浆初期一般在每年的 4 月初至 5 月中旬结束，结合降雨等其他数据统计的便利性，本书选择历年的 4 月 1 日~5 月 21 日进行模拟分析。为进一步细化不同生长期下区域干旱空间差异性，又再分 4 月份即小麦拔节—抽穗期和 5 月份（5 月 1 日~5 月 21 日）即小麦抽穗—灌浆初期两个时段进行相关分析。

### 6.2.1.1　冬小麦拔节—抽穗期干旱空间演变的差异性特征

根据干旱等级的划分标准（表 2-9），邯郸东部平原 A~G 情景逐年冬小麦拔节—抽穗期干旱空间分布特征分别如图 6-2~ 图 6-8 所示，具体如下所述。

A 情景下，邯郸东部平原各地无明显干旱发生，整个区域土壤有效含水率（AWC）均超过了 48%，说明整个区域墒情较好（图 6-2）；其中，成安县及其周边、大名县东部偏南以及永年西部山前部分的土壤有效含水率超过 50%，接近相应的田间持水量。

B 情景，除肥乡县中东位置大部分、曲周县中西位置的小部分、临漳县中南部的墒情较好，土壤有效含水率均超过了 48%，无旱情出现，其余地区有轻度及以上等级干旱发生（图 6-3）；其中永年县西北部、邯郸县北部等地均有中旱和

---

① 春复玉米的小麦生长与冬小麦同期，以冬小麦统称，下同。

重旱发生；就轻旱区而言，广平县、魏县及大名县三县交界处，魏县东南小部分区域以及由鸡泽县西小部分区域、永年县中部、邯郸县中北部以及邯郸市区形成的带状区，其旱象较其他区域较严峻；其他区域旱象相对平缓。从整个分布来看，旱象在区域的西北角最为严重，并以扇形状向东南方向呈现递减的趋势。

C 情景下，邯郸东部平原干旱空间分布与 B 情景的较为相似，但旱象无 B 情景的年显著；其中，除邱县大部分地区、曲周县西南小部分地区、邯郸县东南角小部分区域及肥乡县西部地区无旱情出现外，其余地区均有轻度及以上等级干旱发生，且永年县西北部地区有中旱发生（图 6-4）；同样，从整个分布来看，旱象在区域的西北角最为严重，不同等级旱象同样成带状分布，且同样以扇形状向东南方向递减。

D 情景下，仅有永年县西北部与鸡泽县西部等地有轻旱发生（图 6-5），并且其土壤有效含水率百分比均超过了 42%，说明旱象较为平缓；其他区域均无明显旱情。就无旱情区域而言，成安县除西部以外的大部、肥乡县西南部、邱县西南部以及大名县东南方向大部的土壤有效含水率均超过了 56%，说明上述区域在该年份冬小麦拔节—抽穗期的墒情较好。

E 情景下，永年县西部与北部、鸡泽县西小部分及邯郸县东北一小部分地区有轻旱发生，其余地区无明显旱情（图 6-6）；与 D 情景的相似，其他区域土壤有效含水率较高，墒情较好，且成安县大部、肥乡县西南部及大名县中部的土壤有效含水率在 60% 左右。

F 情景下，邯郸东部平原旱情及有效含水率空间分布差异性较 D、E 情景的显著，与 B、C 情景的旱情空间分布呈扇形状不同，本年旱情呈现斑块化分布。其中，永年县中西部、鸡泽县西部、邯郸市区、邯郸县绕市区周围和东北部以及魏县东南角有轻度及以上等级干旱发生，且永年县中北部、西北角小部分区域有中旱发生，其余地区无明显旱情；就无旱区而言，肥乡西南部，成安大部及邯郸县和永年县与肥乡交界处，大名中部及东南大部，邱县中大部分地区墒情较好（图 6-7）。

G 情景时，除肥乡县西部及与之交界的永年县东南角，邱县大部分地区及与之交界的曲周县东部和馆陶县西北角无明显旱情发生外，其余大部分地区出现轻度及以上等级干旱现象，且永年县西北部发生中度旱情。就轻旱区旱象而言，尤以邯郸县北部、鸡泽县西北部和永年县西部组成的带状区域为主；整体来看，较为严重的地区与 B、C 情景的分布相似，呈扇形向东南递减（图 6-8）。

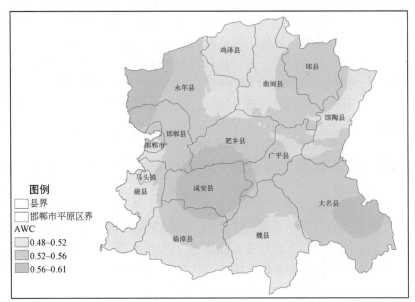

图 6-2　区域 A 情景下冬小麦拔节—抽穗期干旱空间分布

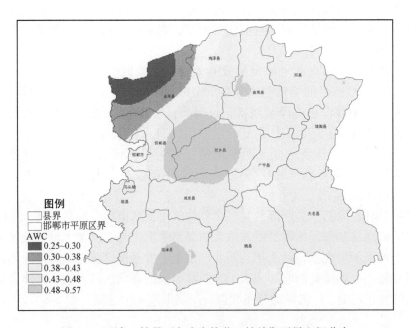

图 6-3　区域 B 情景下冬小麦拔节—抽穗期干旱空间分布

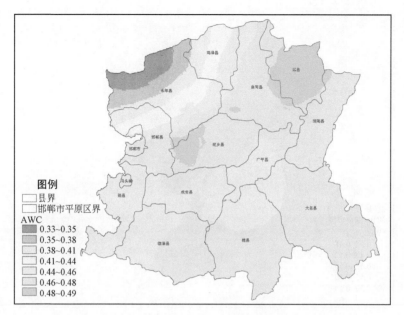

图 6-4  区域 C 情景下冬小麦拔节—抽穗期干旱空间分布

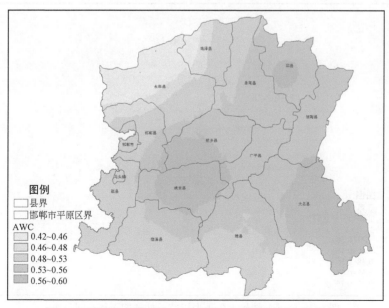

图 6-5  区域 D 情景下冬小麦拔节—抽穗期干旱空间分布

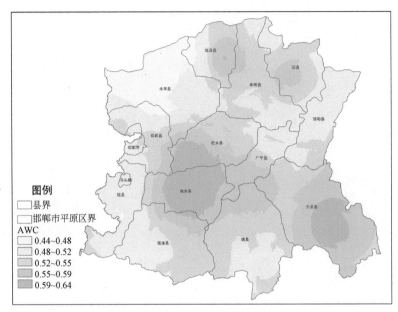

图 6-6　区域 E 情景下冬小麦拔节—抽穗期干旱空间分布

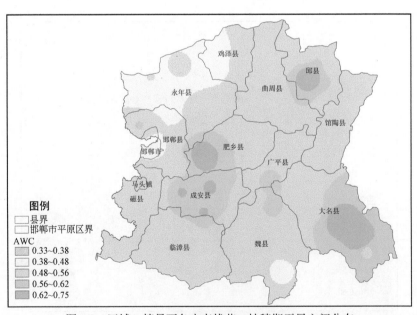

图 6-7　区域 F 情景下冬小麦拔节—抽穗期干旱空间分布

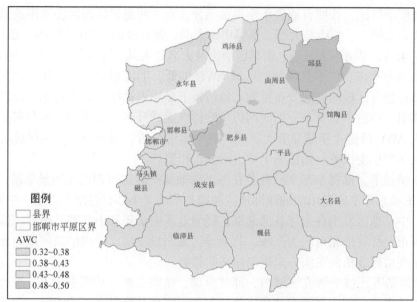

图 6-8 区域 G 情景下冬小麦拔节—抽穗期干旱空间分布

### 6.2.1.2 冬小麦抽穗—灌浆初期干旱空间演变的差异性特征

相应地，邯郸东部平原 A~G 情景逐年冬小麦抽穗—灌浆初期干旱空间分布特征分别如图 6-9~ 图 6-15 所示。结果表明：A 情景下，整个邯郸东部平原除西北部的永年县、鸡泽县、曲周县西部及邯郸县北部等地有轻旱发生外，其余大部分地区无明显旱情；且就有效含水率而言，整个区域的东南部，具体包括大名县、馆陶县南、肥乡县南部、成安县中东部、临漳县东部、魏县大部分区域的土壤墒情良好，且 AWC 超过了 50%。

B 情景下，整个邯郸东部平原均出现了轻度干旱。进而，就有效含水率上再进行细划，可知：永年县西部、邯郸县北部、鸡泽县西部、永年县东北角以及邯郸市区北部的区域 AWC 偏低，旱情相对明显；而邱县、馆陶县中北部、肥乡县大部分、曲周县大部分、临漳县中西大部分、永年县东南部、邯郸县东部、磁县北部（含马头镇）和西部、魏县正南小部分、大名 - 肥乡 - 魏县交界的零星小块区域的土壤墒情较好，AWC 偏高超过了 45%，旱情相对较弱。

C 情景下，永年县东北角有中度旱情；整个研究区域的中心及东北部，包括曲周县、邱县、肥乡县北部、永年县东南部、鸡泽县东部、邯郸县东部小块、广平县北部小块及临漳县西南零星小块区域无明显旱情；其余地区有轻度旱情。其中在轻度干旱区，按照有效含水率再次细分，在无明显旱情地区的周围及磁县大部（含马头镇）、临漳县大部、邯郸市区大部、魏县西南部的区域 AWC 值偏高，超过了 45%，旱情不太显著；中旱区周边及大名县大部、成安县中 - 东 - 南大部、魏县东部和北部、广平县南部的区域 AWC 偏低，旱情相对显著。从有效含水率或旱情在整个区域的空间分布可知，该情景下冬小麦抽穗—灌浆初期呈现以东北角为高值（旱情不显著）分别向两边呈阶梯性递减分布，形成西北角和东南角区域两大 AWC 低值（旱情显著）区域；其中旱情以西北部为中心呈扇形递减的趋势与同年冬小麦拔节—抽穗期干旱空间分布相似。

D 情景下，邯郸东部平原各县在冬小麦抽穗—灌浆初期均无明显旱情。E 情景时，邯郸东部平原近山前的西部地区和魏县东南一小部有轻度及以上干旱发生；其中，中旱地区发生在永年县西北部，轻旱地区中永年县中北部及南部、邯郸县和邯郸市北部等地相对较为严峻。其余地区无明显旱情。出现旱象区域的分布，同样呈现由西北角向东南方向逐渐递减的趋势。

F 情景下，整个研究区域内，邱县全部、馆陶全县、成安县除东 / 西边界小片之外的大部、曲周县除东北角之外的大部、肥乡县除东南角的大部、大名县除东北角之外的大部、广平县北部以及永年县东南小部、鸡泽县东南角、邯郸县东部、临漳县北部小片、魏县东部小片及东北零星小片无旱情发生；其余近一半区域均有不同程度干旱发生，且永年县的西北地区有中旱及重旱发生。

图 6-9　区域 A 情景冬小麦抽穗—灌浆初期干旱空间分布

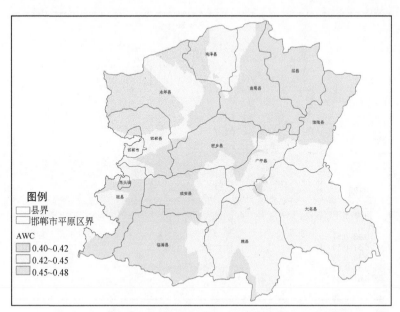

图 6-10　区域 B 情景冬小麦抽穗—灌浆初期干旱空间分布

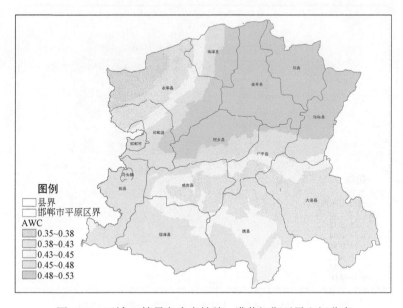

图 6-11　区域 C 情景冬小麦抽穗—灌浆初期干旱空间分布

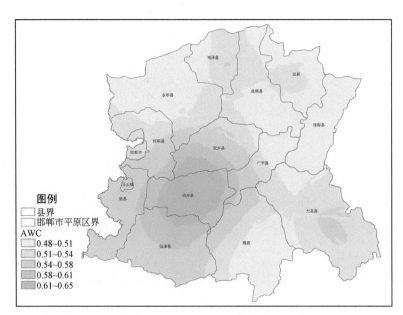

图 6-12  区域 D 情景冬小麦抽穗—灌浆初期干旱空间分布

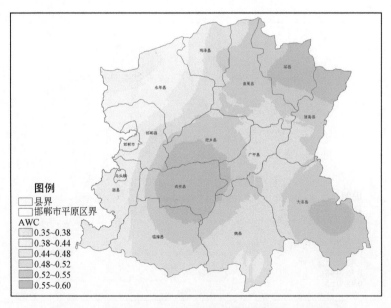

图 6-13  区域 E 情景冬小麦抽穗—灌浆初期干旱空间分布

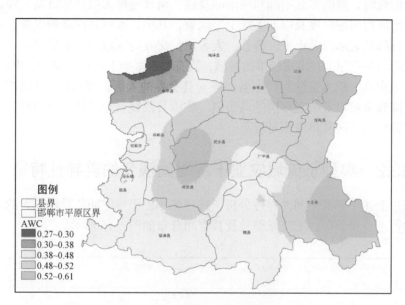

图 6-14　区域 F 情景冬小麦抽穗—灌浆初期干旱空间分布

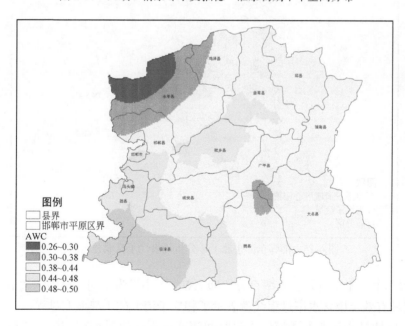

图 6-15　区域 G 情景冬小麦抽穗—灌浆初期干旱空间分布

G 情景时，除临漳县中部和西南部及磁县南部等地无明显旱情发生外，其余大部分地区均出现轻度及以上等级干旱现象；其中，永年县西部和中部、鸡泽县西部、邯郸县北部以及广平、魏县、大名三县交界的区域内有中旱发生，且永年县西北角出现重旱。在出现轻旱的区域，就有效含水率上再进行细分，相对而言，曲周县东南部，肥乡县除与广平县、成安县交界的大部，邯郸市/县南部，成安县的西部和南部以及出现旱情的马头镇、临漳县及魏县地区其旱象相对较轻，其余出现轻旱的地区其旱象相对较重。

## 6.2.2 典型子流域农业干旱时间演变的差异性特征

通过上述干旱的空间差异性分析，选择冬小麦干旱空间差异性较大的六个子流域进行进一步分析，子流域编号及其空间分布如图 6-16 所示。

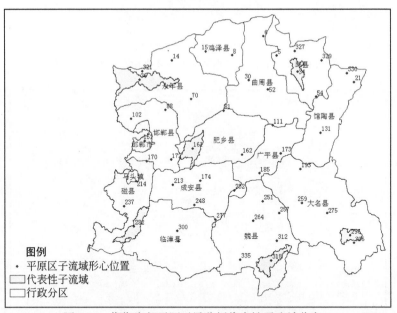

图 6-16 邯郸东部平原干旱分析代表性子流域分布

因本书以土壤有效含水率百分比即 AWC 大小作为不同干旱判定阈值，因此各子流域有效土壤含水率过程线就表示了相应子流域的干旱演变过程。

A~G 情景逐年典型子流域干旱时间演变过程线如图 6-17~图 6-23 所示，具体变化情况如下。

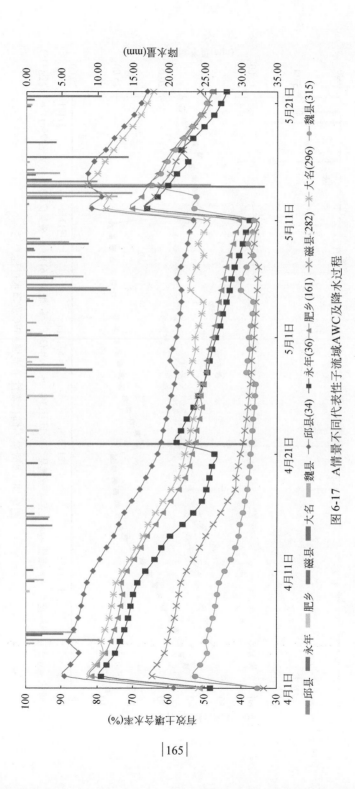

图6-17 A情景不同代表性子流域AWC及降水过程

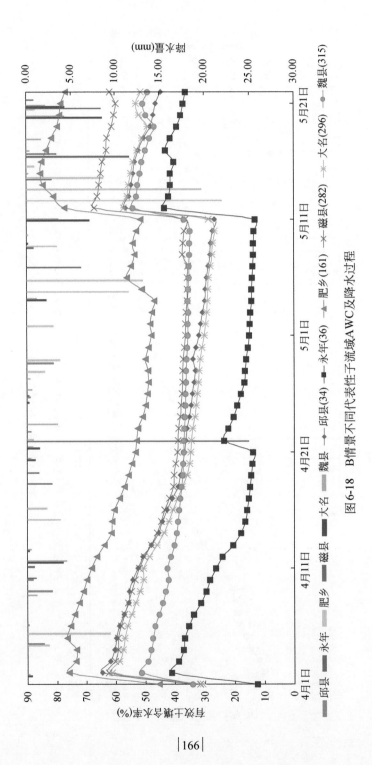

图6-18 B情景不同代表性子流域AWC及降水过程

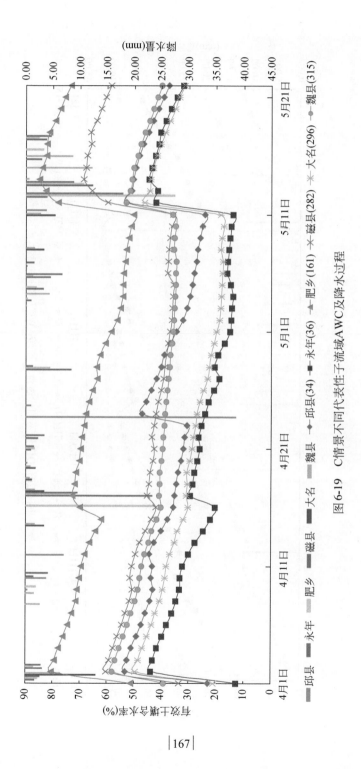

图6-19 C情景不同代表性子流域AWC及降水过程

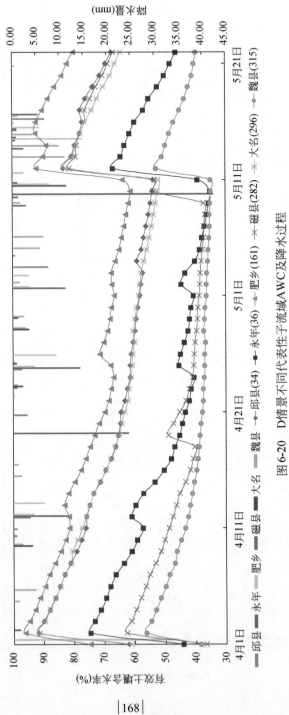

图6-20 D情景不同代表性子流域AWC及降水过程

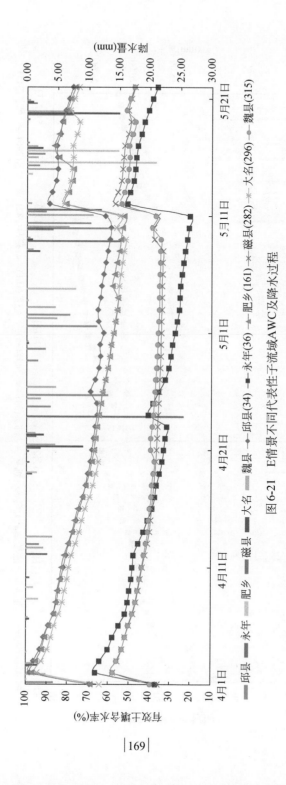

图6-21  E情景不同代表性子流域AWC及降水过程

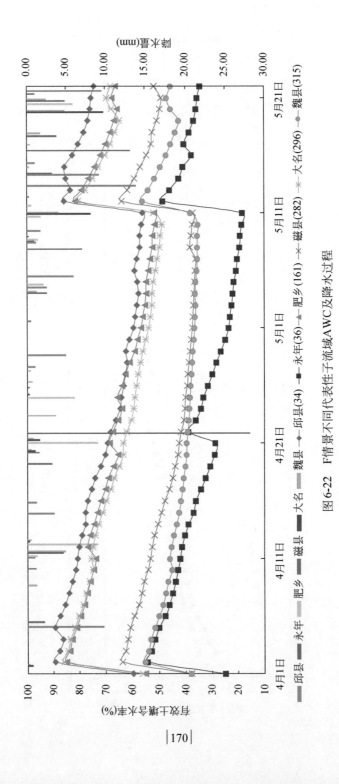

图6-22 F情景不同代表性子流域AWC及降水过程

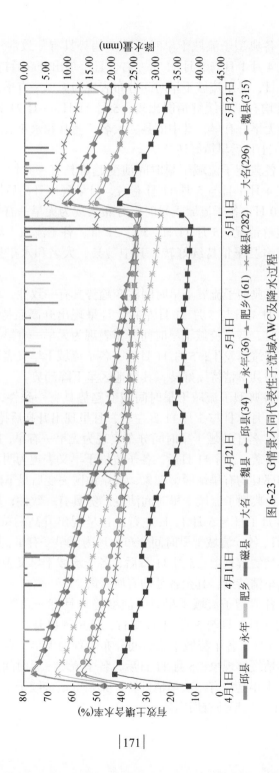

图6-23  G情景不同代表性子流域AWC及降水过程

A 情景下，各典型子流域干旱时间演变趋势具有一致性，均呈现出两次突变情况，发生在 4 月 1 日与 5 月 11 日左右，且呈现出升高后持续下降的特点。4 月 1 日~5 月 10 日，各子流域干旱时间分布表现为无旱—有旱，其中邱县、永年县、大名和魏县均有旱情缓解情况出现；5 月 11 日~5 月 21 日，各子流域干旱又表现为明显的无旱—有旱，其中邱县、大名、魏县和永年县均出现旱情缓解现象，磁县于 5 月 21 日后旱情好转。

B 情景下，各典型子流域干旱时间演变趋势具有一致性，均呈现出两次突变情况，发生在 4 月 1 日与 5 月 11 日左右，且呈现出升高后持续下降的特点。4 月 1 日~5 月 10 日，各子流域干旱时间分布表现为无旱—有旱，其中肥乡县、永年县有旱情缓解情况；5 月 11 日~5 月 21 日，各子流域干旱又表现为明显的无旱—有旱，肥乡县旱情持续好转，其中魏县、大名和永年县则存在一次旱情缓解情况。

C 情景下，各典型子流域干旱时间演变趋势具有一致性，均呈现出两次突变情况，发生在 4 月 1 日与 5 月 11 日左右，且呈现出升高后持续下降的特点。4 月 1 日~5 月 10 日，各子流域干旱时间分布表现为无旱—有旱，其中肥乡县、邱县和永年县有旱情缓解发生；5 月 11 日后，各子流域干旱又表现为明显的无旱—有旱，肥乡县、磁县旱情持续好转，其余地区呈下降趋势。

D 情景下，各典型子流域干旱时间演变趋势具有一致性，均呈现出两次突变情况，发生在 4 月 1 日与 5 月 11 日左右，且呈现出升高后持续下降的特点。4 月 1 日~5 月 10 日，各子流域干旱时间分布表现为无旱—有旱，其中永年县、磁县、肥乡县旱情缓解显著；5 月 11 日后，各子流域干旱又表现为明显的无旱—有旱，肥乡县、磁县和邱县均有旱情缓解现象，其余地区突变后呈下降趋势。

E 情景下，各典型子流域干旱时间演变趋势具有一致性，均呈现出两次突变情况，发生在 4 月 1 日与 5 月 11 日左右，且呈现出升高后持续下降的特点。4 月 1 日~5 月 10 日，各子流域干旱时间分布表现为无旱—有旱，其中永年县、邱县、磁县和魏县有旱情缓解现象；5 月 11 日后，各子流域干旱又表现为明显的无旱—有旱，除永年县旱情持续，其余各县均有所缓解。

F 情景下，各典型子流域干旱时间演变趋势具有一致性，均呈现出两次突变情况，发生在 4 月 1 日与 5 月 11 日左右，且呈现出升高后持续下降的特点。4 月 1 日~5 月 10 日，各子流域干旱时间分布表现为无旱—有旱，其中永年县、肥乡县有明显旱情缓解现象；5 月 11 日后，各子流域干旱时间分布表现为无旱—有旱，除邱县、永年县均有一次旱情好转，其余等地持续干旱，且大名、肥乡县和魏县于 5 月 21 日后旱情有所缓解。

G 情景下，各典型子流域干旱时间演变趋势具有一致性，均呈现出两次突变情况，发生在 4 月 1 日与 5 月 11 日左右，且呈现出升高后持续下降的特点。4 月 1 日~5 月 10 日，各子流域干旱时间分布表现为无旱—有旱，其中永年县和磁县旱情均有一次缓解；5 月 11 日后，各子流域干旱时间分布表现为无旱—有旱，至 5 月 21 日干旱发生及发展，21 日以后肥乡县旱情有所好转。

## 6.2.3　典型区域农业干旱时空演变差异性分析

结合上述典型区域农业干旱时空演变规律，初步分析其空间差异性有以下几点成因。

1）土壤水底墒条件。由于降雨集中在汛期，引黄灌溉主要集中在冬四月（11~2 月），而本书为考虑不利情景认定黄河水和本地水是丰枯同步的，即本地枯水年，引黄水量会相应降低。因此降雨和引黄水的丰枯特性会直接影响区域底墒，进而影响下一年春季干旱情况。

在 4 月（拔节—抽穗期），这一影响较为显著，2013 年为平水年，A 情景为枯水年，但由于前一年降水及引黄灌溉，使得该情景下春季没有发生旱情；但其枯水效应反映在了下一个情景即 B 情景上，其降水与引黄水量的减少导致 B 情景时大部分地区均有干旱发生；同样 B 情景的特枯效应也反映在了下一情景，尽管 C 情景是丰水年，但这一时期，除邱县和肥乡县北部等地无明显旱情外，其余地区均有不同程度干旱出现。

2）水利工程的布局。水利工程规划的布局与干旱的发生和发展有直接关系。永年县地处山前平原区，西北部是山丘区，这一区域的水利工程不完备，当地地表水供水条件不足，又不是引黄受水区，南水北调配套一期工程并没有涉及该区域且引江水不用于农业，因此这一地带是区域干旱出现最为频繁的地方，且干旱程度较同期其他地区更为严重。

3）灌溉制度和降水分布。干旱时灌溉可有效缓解旱情，保证农业生产。研究区域实施灌溉两次，分别为 4 月 1 日和 5 月 11 日。各地通过灌溉措施，大大提高了土壤含水量，降低干旱风险。

冬小麦抽穗—灌浆初期的干旱变化不仅与上述两条（土壤底墒、水利工程布局）有关，还与降水密切相关，降水可在一定程度上缓解旱情的发生和发展。随着 5 月份降水的增多，对前期的干旱有明显的缓解作用，也对当地增加水利工程蓄水极为有利。

# 6.3  小    结

基于第二章所述的优化配置原则及灌溉制度设计原则，根据邯郸东部多水源调配体系构成和农业种植结构进行了农业用水的优化配置和区域灌溉制度设计，以 SW-AWC 为干旱指标，对区域冬小麦拔节—抽穗—灌浆初期的旱情进行了预测分析。主要结果如下。

1）优化后的农业用水水源中，地下水显著减少，当地地表水、外调水和非常规水逐渐增多，地下水占主导的农业供水格局将彻底被改变。外调水和深层地下水随降水丰枯变化的关系不是很密切，其他水源在大的增减趋势下，与降水丰枯变化有不同的波动响应，其中各类地表水供水比例与降水量变化一致，但浅层地下水供水比例的响应变化恰好相反。

2）与旧的灌溉制度相比，新的灌溉制度增加了不同生长季节的作物种类，减少了灌溉次数，减少了灌溉定额。为了便于灌溉控制，以 SW-AWC 设定了灌溉启动变量及阈值；变量启动阈值随着不同作物及作物的不同生长期而有改变。

3）预测的区域旱情空间分布表明，永年县西北部是整个区域最易发生旱情的地带，其次是大名县的东南部。旱情区域的差异性和水利工程的布局密切相关，永年县西北部因不具备当地表水供水条件，也不是引黄受水区，极易引发干旱。区域冬小麦拔节—抽穗时期的干旱与土壤前期底墒密切相关，前一情景冬四月引黄水及降水的减少会引发下一情景的旱情。由于区域冬小麦抽穗—灌浆初期没有设定灌溉，加之春季降水偏少，因此该时期旱情普遍比同年拔节—抽穗时期的旱情更为严峻。

# |第 7 章| 多水源调配下区域农业干旱应对策略

近年来，随着气候变化和人类活动影响的不断深入，包括邯郸东部平原在内的华北平原干旱呈现出了广发和频发态势，对人民的生产、生活甚至生命造成了严重的威胁。在深入总结分析区域抗旱防旱存在的各类问题的基础上，对区域地下水进行战略储备和部署，对于邯郸东部平原，甚至整个华北平原的常态化干旱应对，和整个华北平原的粮食安全保障及生态系统健康都具有十分重要的意义。

## 7.1 研究区抗旱防旱存在的问题

### 7.1.1 工程措施问题

尽管邯郸供水水源呈现出多元化的态势，但由于区域经济发展局限性，用于抗旱供水工程的资金短缺，各种工程建设仍旧滞后，存在的主要问题如下。

1）南水北调配套工程建设没有跟上。2014 年南水北调中线干渠已经通水，但由于南水北调配套工程是由地方财政支付，资金不足导致配套工程建设严重滞后，截至 2015 年初邯郸东部平原大部分区域还未用上引江水，南水北调区域并没有发挥出其应有的作用。

2）引黄提卫入邯配套的蓄水工程欠缺。2010 年底，引黄提卫入邯就已经开始发挥缓解农业干旱的作用，但该工程输水是以旧有的东风渠为输水干渠，该渠道在工程建设时只是经过了夯实碾压，并没有衬砌，引黄水沿途渗漏损失较大。由于沿途缺乏平原水库和滞蓄坑塘，到北部的鸡泽县时，流量与规划的设计流量相比少很多，使得引黄提卫水不能发挥其抗旱防旱的最大效益。

3）旧有涵闸老化失修。邯郸东部平原的人工渠道、灌溉工程及涵闸桥引等工程设施都是 20 世纪 60 年代左右所建，除部分整改、新建外，大部分涵闸工程都已老旧，其毁坏率近 20%，个别小流域的水工建筑物毁坏率近 50%（邯郸市水利局，2010b），难以发挥设计时应有的防洪抗旱作用。

4）小型沟渠河道并未完全疏浚。借助东部大水网及引黄配套工程，经过近几年的清淤整修，东部平原主要干渠已经疏通，但小型沟渠淤堵仍然存在，且东部水系并没有完全连通，地表水的调蓄功能并未达到最优，这从一定程度上也影响了抗旱和应急水源储备的效果。

## 7.1.2  非工程措施问题

区域在抗旱防旱上除了各项工程建设相对滞后外，在非工程措施上也存在一些问题，具体如下。

1）水权、地权交易机制尚不完善。考虑到设备安置费用和资金的投入产出问题，喷灌滴灌等高效节水灌溉工程只有在大量地块上实施才能发挥其最大效益，也才能让农民受益而得以推广。但目前，区域农田都是个人承包地，地权和水权交易机制尚未完善，土地流转形成的大地块少，因此高效节水工程只能在小范围内的大地块上实施，不能在大的范围内进行。大部分地块在灌溉时仍采用大水漫灌方式，在用水总量控制管理下，用水效率低下，一旦碰到干旱年份，灌溉次数难以保障，对防旱抗旱实施不利。

2）水价管理尚不完善。因南水北调中线工程耗资较大，所定水价较区域城镇用水底价要高，相比农业灌溉用水更是高出很多。现阶段区域水价仍实施单一水价，未实施阶梯水价，加之监管不到位，使得农户支持地下水压采的积极性不高，偷采地下水的现象时有发生，对地下水压采实施不利，也对干旱应急水源的储备不利。

3）自动化监测系统尚不完善。墒情、灌溉和地下水位的自动化监测是干旱预警、监管水量、保证用水效率的有效的非工程措施。由于长期以来管理部门重防洪轻抗旱，旱情和其相关要素的自动监测系统投入不够，存在站网稀疏，测站分布不尽合理，固定墒情站、移动墒情站和旱情试验站等站点密度不够等问题，现有站点设备落后，墒情等相关信息采集、传输、接收、分析评估效率低，旱情预警系统十分薄弱，区域缺少一套统一的旱情信息管理系统软、硬件，现有的抗旱指挥调度系统缺少抗旱会商机制和科学调度决策手段。

4）相关研究、规划滞后。由于干旱并非水利专业的主流专业，加之区域研究水平的局限性，有关抗旱减灾基础研究和新技术在区域的应用刚刚起步，在城市专项预案和重要生态区抗旱预案上有所欠缺，现有抗旱预案为市、县总体抗预案，内容针对性、实用性和可操作性均有待提高。

5）其他管理问题。区域抗旱组织机构的专职抗旱管理人员少、结构不合理。办公设备不配套，办公自动化和管理信息化水平低，影响抗旱指挥调度效率。县、乡两级抗旱服务组织少，现有抗旱服务组织人员少、结构不合理、经费无保障、办公场所小、抗旱物资储备库和抗旱设备短缺。

## 7.2 多水源调配下区域农业干旱应对策略

基于邯郸东部平原实际，本书提出以开展节水型社会建设为前提，以实施最严格水资源管理制度为手段的区域地下水储备战略。这一应对策略是基于以往管理措施的科学辨析，在精细化解析区域干旱情势演变、干旱战略水源蓄变情况的前提下，以习总书记新时期十六字治水方略部署为指导，科学总结而出。其中：①节水型社会建设是管理应对区域干旱的基础和前提；在邯郸东部平原干旱常态化、枯水年农业供水不能保障的现实背景下，实施节水型社会建设、走节水高效的内涵式发展道路是区域发展得以永续的唯一出路。②最严格的水资源管理制度是应对区域干旱的有效制度和手段；只有在严格用水总量的红线控制下，以严格用水效率红线为控制手段，才能使得枯水期农业用水和生态用水尽量少被挤占，确保干旱时期的粮食安全和生态安全；才能遏制丰水期浪费水的不良现象，使得洪涝时期更好地实施"以丰补歉"的地下水战略储备。③实施地下水储备战略是管理应对区域干旱的最终保障；在区域时空分布不均的水资源情势下，实施"以丰补歉"的地下水储备战略是短期内保障旱涝时间集合应对的首要选择，也是保障干旱时期供水安全、生产安全和生态安全的有效战略措施。

针对区域干旱情景未来的演变情势，为确保区域社会经济的可持续发展，响应生态文明建设和新时期治水方略的战略需求，建议区域在节水型社会建设和最严格制度管理的基础上，对储备区进行科学划定和部署，集合区域的工程及非工程措施并以水利部门为龙头统筹并实施开展地下水储备综合战略。

### 7.2.1 地下水储备综合战略

地下水是人民生活和经济发展的重要战略资源，更是抗御特大干旱灾害最有保障的应急水源。由于地下水取水便利、水质有保障，华北平原供水水源中，地下水比例一直居高，随着国民经济发展使需水要求不断地增长，使得地下水被过量开采。就邯郸东部平原而言，2013 年区域地下水供水量近 13 亿 $m^3$，占全部供水量的 66%, 地下水年超采量近 6 亿 m$^3$ (邯郸市水资源综合管理办公室, 2014)。2012 年《邯郸市地下水超采区评价》结果显示, 邯郸东部平原有 5 处深层地下水漏斗, 近六成的平原面积属于超采区, 涉及多个县市。一般超采区主要位于永年一带, 超采区面积约为 834km$^2$; 严重超采区在鸡泽县、魏县、广平县、邱县、大名县均有分布, 超采区面积高达 3585km$^2$, 仅超采区面积就占整个东部平原的 47% (邯郸市水资源综合管理办公室, 2014)。不仅如此, 邯郸西部区域是河北省乃至全国的煤炭和钢铁的主产区, 整个西部煤矿和铁矿的开采对水文地质构造的破坏非常严重, 山区地下水资源面临储量减少造成山前补给平原的地下水量骤减的问题。超采区的不断扩大和水文地质层的破坏等都严重危及区域的可持续发展, 也给当地政府部门和水利职能部门的管理带来了一系列严峻的挑战。可以说, 邯郸东部平原的水资源量的协调度与社会经济发展的高开发程度已经极不匹配。

在日趋干旱的严峻情势下, 区域地下水若仍然过量开采, 地下水的有效供应量必然会持续减少。一旦特大干旱成灾且成片肆虐, 在地表水源不能保障的既成事实下, 地下水供应量的锐减势必加剧灾情的扩展和受灾的程度。因此, 实施地下水储备不仅是邯郸东部平原能够有效应对干旱的当务之举和重大战略, 也是区域水资源可持续利用和生态环境修复的有效措施和重要保证, 更是特大干旱年份保障整个邯郸东部平原甚至整个华北平原社会稳定的最后手段。

### 7.2.1.1  储备区的科学划定和部署

储备区的科学划定和部署是实施地下水储备战略的首要步骤, 只有科学规划好区域的地下水储备区, 才能使得战略实施做到有的放矢、事半功倍。此外, 储备区的建设、运行和管理还是验证战略实施效果的关键指标。邯郸东部平原地下水储备区应依据区域地质构造、地下水补排关系、地下水富水性及矿化度等基本水文地质情况以及区域深层地下水水头逐年变幅回升的具体情况来设定。

邯郸东部平原的地质构造属于断块构造, 总体来说属于华北陆台上的新生代断陷区, 于新生代新近纪和第四纪时期, 连同其他平原逐渐连片而形成华北大平原。在这个时期, 平原缘断块山地逐渐相对隆起, 使得平原的轮廓日渐鲜明, 而新生代相对下沉, 接受了较厚的沉积。根据区域地下水赋存条件、含水岩组地层岩性、含水介质的孔隙特征等一系列属性, 邯郸东部平原区属第四系松散类含水层系统, 其地下水类型主要是松散岩类孔隙水 (邯郸市水利局, 2008; 中国地质调查局, 2006)。

区域地下水垂向补给来源主要是大气降水和农田灌溉补给, 侧向补给主要由河道渠系的渗漏以及山前径流补给组成。其中，浅层地下水具备了上述各种补给来源，补给条件较好，且受天然降水量影响较大（这也同区域降雨过程和地下水逐年蓄变量变化过程以及浅层地下水埋深变化过程的对比分析一致）；而深层地下水补给条件较差，主要补给方式为侧向径流补给。天然情况下，区域地下水排泄途径是河道排泄和潜水蒸发；但随着人类活动的取用水的急剧增加，地下水位持续下降，包气带逐渐增厚，潜水蒸发和地下水的侧向流出这两大排泄方式逐渐减少，并被人工开采取代成为区域地下水最主要的排泄方式（邯郸市水利局，2008；中国地质调查局，2006）。

因邯郸地势西高东低，因此东部平原区的地下水径流的总体方向是自西向东，到中部平原后再转向东北；水力坡度也自西向东逐渐变小；相应的其地下径流越来越缓慢。但由于受人类取用水的影响，地下水径流方向随之变得比较复杂。特别在平原内部，存在大的漏斗区时，因地下水流动方向由漏斗外围流向漏斗中心，大大改变了原有的径流方向。区域地下径流方向还受到河流侧向渗漏补给的影响，在滏阳河、卫运河等常年性河流两岸，逐渐形成地下水分水岭，分水岭位置与河道位置较为一致，其附近的地下径流形成由分水岭向两侧流动的趋势（邯郸市水利局，2008）。

尽管邯郸东部平原整个都属于第四系松散类含水层系统，但其含水岩组的形成类型复杂，岩性变化较大，相应的，其富水性、渗透性等水文地质条件均有较大差距。根据区域含水层系统形成类型、岩性和富水性大致可以分为三种类型：第Ⅰ类类型为残坡积、洪坡积，其岩性以黏性土、粉土为主并杂混有碎石、角砾，这一类型岩组的单位涌水量 <5[m³/(h·m)]；第Ⅱ类类型为冰积、冰湖沉积，主要为黏土间夹砂砾石层的岩性组成，这一类型岩组的单位涌水量范围为 5~10[m³/(h·m)]；第Ⅲ类为冲积、冲洪积类型，其岩性主要为砂砾卵石和黏性土，其单位涌水量范围为 10~50 [m³/(h·m)]，该类型含水岩组主要分布在河床及河道两岸，河道渠系的侧向入渗补给是该类含水层组目前最主要的补给来源。（邯郸市水利局，2008；中国地质调查局，2006）。

根据邯郸东部平原上述水文地质基本构造情况、补给条件以及不同含水层组的富水性，考虑到各类地表水量对区域地下水的渗漏补给情况，结合引黄入冀工程的总体布局、邯郸东部水网分布、邯郸东部平原灌区分布等具体情况，对邯郸东部平原区地下水储备区进行分阶段部署、分阶段实施，主要选择上述第Ⅲ类含水层组来进行干旱应急储备水源的部署，如图 7-1 所示。邯郸东部平原区地下水战略储备区主要有 17 个储备子区域，共 585km²，分布于滏阳河、漳河、卫河以及民有渠、东风渠等主要河流和渠系两岸或者引黄灌区附近，具有富水性较强、矿化度低，并且能够及时得到河道渠系的渗漏补给或地下水储量易于恢复的特点。通过分阶段实施地下水的战略储备，使得储备区形成"水"字布局，达到集中连片成规模、互有水系补充和调剂、存储效果好的最终部署目标。不同阶段地下水战略储备区的部署原则和布设情况具体说明如下。

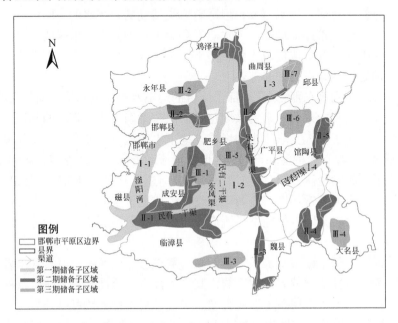

图 7-1　邯郸东部平原地下水战略储备单元分布

1）第一阶段区域地下水战略储备区的布设主要是考虑引黄水量的有限性（并未达到设计值），结合邯郸东部平原主要的大型灌区和骨干灌渠，基于地下水压采第一期方案来进行布设。第一阶段地下水战略储备区共有 4 个子区域，主要在滏阳河两侧、东风渠两侧、民有总干渠两侧；主要位于滏阳河和民有两大灌区内。

2）第二阶段区域地下水战略储备区的布设主要考虑引黄水的增加和提卫水的增加，在第一阶段布设的基础上，结合地下水压采实施方案的第二阶段目标，增加位于滏阳河和民有两大灌区的地下水战略储备面积，把邯郸东部平原在第一阶段未考虑的其他大型灌区和骨干渠系纳入进来。第二阶段地下水战略储备区共有 6 个子区域，主要分布在民有一干渠两侧、民有三干渠两侧及卫河两侧，并新增了滏阳河两侧的少部分面积。灌区分布上，第二阶段新增储备区主要还是位于滏阳河和民有两大灌区，南部新增部分主要位于军留灌区。

3）第三阶段地下水战略储备区的布设原则与上述两阶段布设原则不同。前两个阶段地下水战略储备区域的布设主要基于河流渠系和灌溉用水对区域地下水的补给条件，基于引黄水和引江水这两大外调水和区域地下水得以置换的前提，而在布设第三阶段地下水战略储备区时，基于整个区域空间均匀布设的原则，若涉及用不上地表水的浅井地区，更多的是考虑涉及的子区域是否具备高效节水、大量减少地下水开采量的前提条件。因此，第三阶段地下水战略储备区是在实施高效节水灌溉和地下水压采第三阶段的基础上进行布设的，主要选择适宜喷微灌的土质条件、县乡积极性高、易于土地流转的好地块进行布设。第三阶段地下水战略储备区共有7个子区域，较均匀地分布于整个邯郸东部平原区，涉及邯郸、肥乡、成安、永年、邱县、魏县、广平、大名、馆陶等9个县域，约计153km²。

地下水战略储备的不同阶段及其相应子区域的地理位置、含水层系统分类、地下水位埋深、地下水赋存等详细情况见表7-1~表7-3（邯郸市水利局，2014a）。

表7-1　邯郸东部平原地下水战略储备子区域水文地质条件（第一阶段）

| 序号 | 涉及区域 | 水资源分区 | 含水层系统 | | 地下水资源模数 [10⁴m³/(a·km²)] | 水位埋深（m） | 导水系数（m²/d） |
|---|---|---|---|---|---|---|---|
| | | | 系统 | 亚系统 | | | |
| I-1 | 永年县、邯郸县、磁县、临漳县、成安县、肥乡县 | 滏阳河平原 | 漳卫河地下水系统 | 漳河冲洪积扇孔隙水淡水亚系统，漳卫河古河道带孔隙水有咸水亚系统 | 5~20 | 14~44 | 50~3000 |
| I-2 | 鸡泽县、曲周县、永年县、肥乡县、魏县、成安县、广平县 | 滏阳河平原、黑龙港及运东平原 | 漳卫河地下水系统 | 漳河冲洪积扇孔隙水淡水亚系统，漳卫河古河道带孔隙水有咸水亚系统 | 10~15 | 3~26 | 100~500 |
| I-3 | 曲周县中东部、邱县中西部 | 黑龙港及运东平原 | 漳卫河地下水系统 | 漳卫河古河道带孔隙水有咸水亚系统 | 10~15 | 18~24 | 100 |
| I-4 | 馆陶县、大名县 | 漳卫河平原 | 黄河地下水系统 | 黄河古河道带孔隙水有咸水亚系统 | 10~15 | 23~30 | 100 |

表 7-2 邯郸东部平原地下水战略储备子区域水文地质条件（第二阶段）

| 序号 | 涉及区域 | 水资源分区 | 含水层系统 系统 | 含水层系统 亚系统 | 地下水资源模数 [10⁴m³/(a·km²)] | 水位埋深（m） | 导水系数（m²/d） |
|---|---|---|---|---|---|---|---|
| Ⅱ-1 | 临漳县、成安县、肥乡县、魏县 | 黑龙港及运东平原 | 漳卫河地下水系统 | 漳河冲洪积扇孔隙水淡水亚系统，漳卫河古河道带孔隙水有咸水亚系统 | 10~20 | 25~44 | 50~500 |
| Ⅱ-2 | 永年县东南部、肥乡县 | 滏阳河平原 | 漳卫河地下水系统 | 漳卫河古河道带孔隙水有咸水亚系统 | 10~15 | 20~40 | 50~100 |
| Ⅱ-3 | 魏县东南部 | 漳卫河平原 | 黄河地下水系统 | 黄河古河道带孔隙水有咸水亚系统 | 10~15 | 17~26 | 100~300 |
| Ⅱ-4 | 大名县中部 | 漳卫河平原 | 黄河地下水系统 | 黄河古河道带孔隙水有咸水亚系统 | 10~15 | 22~30 | 100~300 |
| Ⅱ-5 | 馆陶东南部 | 黑龙港及运东平原 | 黄河地下水系统 | 黄河古河道带孔隙水有咸水亚系统 | 10~15 | 18~30 | 100 |
| Ⅱ-6 | 鸡泽县、曲周县、广平县、邱县、肥乡县、成安县、大名县、魏县 | 滏阳河平原、黑龙港及运东平原、漳卫河平原 | 子牙河地下水系统和漳卫河地下水系统 | 子牙河冲洪积扇孔隙水淡水亚系统，滏阳河冲洪积扇孔隙水淡水次亚系统，漳卫河古河道带孔隙水有咸水亚系统 | 10~15 | 3~34 | 100 |

表 7-3 邯郸东部平原地下水战略储备子区域水文地质条件（第三阶段）

| 序号 | 涉及区域 | 水资源分区 | 含水层系统 系统 | 含水层系统 亚系统 | 地下水资源模数 [10⁴m³/(a·km²)] | 水位埋深（m） | 导水系数（m²/d） |
|---|---|---|---|---|---|---|---|
| Ⅲ-1 | 邯郸县、肥乡县、成安县 | 滏阳河平原 | 漳卫河地下水系统 | 漳河冲洪积扇孔隙水淡水亚系统，漳卫河古河道带孔隙水有咸水亚系统 | 10~20 | 14~29 | 100~500 |

续表

| 序号 | 涉及区域 | 水资源分区 | 含水层系统 | | 地下水资源模数 [$10^4m^3/(a \cdot km^2)$] | 水位埋深（m） | 导水系数（$m^2/d$） |
|---|---|---|---|---|---|---|---|
| | | | 系统 | 亚系统 | | | |
| Ⅲ-2 | 永年县东部 | 滏阳河平原 | 子牙河地下水系统 | 子牙河冲洪积扇孔隙水淡水亚系统，滏阳河冲洪积扇孔隙水淡水次亚系统 | 10~15 | 3~21 | 100 |
| Ⅲ-3 | 魏县东南部、临漳县西南部 | 漳卫河平原 | 漳卫河地下水系统 | 漳河冲洪积扇孔隙水淡水业系统，漳卫河古河道带孔隙水有咸水亚系统 | 10~20 | 17~26 | 100~300 |
| Ⅲ-4 | 大名县东南部 | 马颊河平原 | 黄河地下水系统 | 黄河古河道带孔隙水有咸水亚系统 | 10~15 | 22~29 | 100~300 |
| Ⅲ-5 | 肥乡县东南部、广平县西南部 | 黑龙港及运东平原 | 漳卫河地下水系统 | 漳卫河古河道带孔隙水有咸水亚系统 | 10~15 | 23~30 | 50~100 |
| Ⅲ-6 | 曲周县东南部，广平县东北部，馆陶县西部 | 黑龙港及运东平原 | 漳卫河地下水系统 | 漳卫河古河道带孔隙水有咸水亚系统 | 10~15 | 18~24 | 100 |
| Ⅲ-7 | 邱县中部 | 黑龙港及运东平原 | 漳卫河地下水系统 | 漳卫河古河道带孔隙水有咸水亚系统 | 10~15 | 3~34 | 100 |

### 7.2.1.2 工程与非工程措施的多元集合

实施地下水储备不是一蹴而就的事情，需要政府及相关部门做好旷日持久和综合应对的战略准备。由于地下水的持续超采造成区域潜水埋深大幅度增加，巨厚的包气带严重阻碍、破坏了降水入渗的补给通道，使得降雨垂向入渗补给通量大幅锐减；作物、树木在自然条件下可以吸收、利用的地下水也不断减少，加剧了对地下水源涵养的不利影响。在这样的水文地质条件下，某一举措的单独实施对减轻地下水超采的影响微乎其微，短期内很难做到地下水的采补平衡，需要各项工程管理措施及非工程管理措施的协同集合（图7-2）。通过各种措施的综合应对、逐步实施，使得区域能够多用外调水、用好地表水，从而合理控制保护地下水。

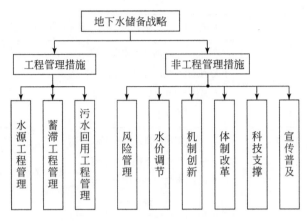

图 7-2　多举措集合的地下水储备战略

（1）工程管理措施

邯郸东部平原实施地下水储备战略的主要工程类型有水源工程、蓄滞工程和污水回用工程等。其中，水源工程主要是现有地表水水库，引黄入邯工程，南水北调中线工程等外调水工程以及引黄入冀等规划工程；蓄滞工程主要是"百湖工程"、引黄受水区平原水库建设、地下水库建设和河湖水系连通工程；污水回用工程主要是生活污水处理回用和工业污水处理回用工程。工程管理措施就是针对上述各工程的规划、管理工作，具体是指新水源和外调水工程及其配套的规划管理、新旧水源的系统布局，蓄滞洪区的规划管理，工业循环用水监督、生活中水用水推广以及不同类型水源的统一调度等。

通过新水源规划并加快审批，做到新水源工程及其配套建设要不等不靠，抢抓机遇，促使地表水源调蓄工程的系统化；通过新旧水源的系统布局，将外调水和当地水源结合，形成大中小型水库合理布局、相互配套、功能完善的地表水源格局。通过支漳河治理、魏大馆排涝渠道整治及其蓄滞洪区管理和地下水库管理，充分利用好洪水资源和外调水资源，以丰补歉，提高区域应对干旱的应急能力；通过"百湖工程"和河湖水系连通增加地下水入渗补给通道、修复河流生态、增加区域涵养水源能力；通过工业循环用水监督、生活中水用水推广来有效提高地表水的利用率。

遵循"千方百计多用外调水、想尽办法用好地表水、合理控制保护地下水"的战略原则，把雨水、地表水、地下水、再生水、微咸水作为统一的水资源系统进行优化配置，把工业、农业、城市生活、农村生活、生态各类用水作为统一的用水系统进行综合规划，对区域内不同类型的水源进行统一调度。通过用好每滴黄河水来增加邯郸东部平原的调蓄能力，通过用足引江水来改善当地地表水水源丰枯同频的缺陷，从而充分发挥外调水应对干旱的能力。总之，通过一系列工程管理措施，将外调水和当地地表水给储备区补缺口、还欠账、存家底，改善区域供水水源结构，让地下水休养生息，为区域留下抗御特大干旱的最后手段。

（2）非工程管理措施

非工程管理措施主要包括风险管理、水价调节、机制创新、体制改革、科技支撑以及宣传普及等各项措施。非工程管理措施是实施地下水储备战略的必要手段，是充分发挥各种水源工程作用的根本保障。

1）风险管理。风险管理是直接影响地下水储备战略实施的基本措施，是地下水储备可持续性的管理保障。根据华北平原区域国民经济规划和《国家防汛抗旱应急预案》，积极促进蓄滞洪区建设，进行区域旱涝风险评价和区划，建立旱涝预警响应机制和水源水质预警响应机制，积极推进旱涝风险管理。通过这些预警和响应机制的执行，在特大旱涝事件时，不仅可以持续保证储备区的地下水量，还保证了水源的质量和安全。在特大干旱发生时，按照不同的风险评估结果和响应机制，实行节约用水优先、生活用水优先和地表用水优先的原则，用好、用巧每一滴储备水，进而最大限度地满足城乡生活、生产、生态用水需求，保证大面积地区和重点保护对象的用水安全。

2）水价调节。水价调节是充分发挥经济杠杆管理水资源的重要环节，是保障地表、地下水源置换能够落到实处的关键手段。在区域地下水资源费征收标准整体提高的前提下，采取储备区地下水水价加倍收费的办法，促使各用水部门积极使用地表水和外调水，调控区域地下水开采布局，最大程度上限制和控制地下水的开采量；通过实施阶梯水价，充分发挥经济杠杆作用，增强各用水单元的节水意识，大幅提高区域水资源特别是储备区地下水资源的利用效率，促进区域节水型社会建设；在税收等相关政策方面应多鼓励用水户使用外调水、当地地表水和中水，进一步优化水资源配置方案，达到保护地下水的目的。

3）机制创新。机制创新是促进地下水储备战略良性发展的源泉。只有坚持用改革创新来解决发展中存在的问题，创新发展机制，消除阻碍发展的体制性、政策性障碍，才能进一步激发水利发展动力，促进地下水储备等一系列重大战略的健康实施。一是认清现在旱涝极易成灾的原因不仅在于"天"还在于"人"，要认清高密度人口和城市化、高关联度的社会化大生产对供水的需求是强化极端天气事件的灾难性后果的重要因素。因此在防洪标准和抗旱标准的制定上，由单纯提高工程标准转变为适度提高工程标准，进一步优化工程组合，恢复、保持和提高现有工程效益，强化社会化减灾措施，进而降低旱涝事件的损失，减小储备区地下水非必须使用的概率。二要加快投融资体制改革，逐步建立健全的多元化、多层次、多渠道的投入机制，在确立公共财政主体地位，加大各级财政对地下水储备战略进行投入的同时，广泛吸纳社会资金，运用市场机制，实行优惠政策，发挥好群众和民间投资在中小型水源工程中的主体作用，多渠道扩大建设资金来源，加快水利各项战略的实施。

4）体制改革。完善的体制体系是长久实施地下水储备战略的重要保证。旱涝事件造成的水危机展现的是水资源环境危机，实质上体现的是水资源的治理危机。究其原因，水资源和水环境管理的条块分割是最大制约。地下水储备是一个跨地区、多部门、影响多个利益主体的复杂涉水战略，现有的体制下，该战略很难有效实施。只有抓住全国上下执行最严格水资源管理制度的契机，进一步深化水资源的统一管理体制改革，落实行政区地下水、常规水、非常规水资源的统一管理，加强流域和区域水资源的统一管理，完善水务管理机构，理顺构建统一协调的管理机制，才能实现区域水资源的科学开发、优化配置、合理利用和循环节约，从而保障整个东部平原地下水储备战略的实施。

5）科技支撑。开展科学研究和地下水动态监测是实施地下水储备战略的技术支撑和信息保障。地下水资源系统异常复杂，水文地质条件不同、区域不同、时期不同，其地下水的补给—径流—排泄关系就存在差异性。只有在长期持续深入研究、系统观测以及不断探索的基础上，才能逐渐掌握区域地下水资源的变化规律，进而才能做到区域合理开发、利用和保护地下水资源。根据目前邯郸东部平原的水文地质情势和地下水开采现状，针对地下水储备实施的战略目的，重点在扩大储备区地下水补给量方面积极开展科学研究，特别在引洪灌溉、修建地下蓄水库、雨水回灌等补给地下水的措施研究上增加科技投入。完善地下水动态监测网络，建立取水远程监控系统，提高地下水监测信息传输的时效性和科学性，构建地表、地下和水量、水质监测系统及水信息交互、拓扑网络。通过对地下水的位、量、质以及降水量、地表河川径流、土壤墒情等相关要素长期监测，准确掌握地下水水位、开采量、水质的变化动态以及其他基本水信息，同时对治理成效展开评估并及时预警，为适时调整地下水的防治措施、优化地下水开发方案和区域水资源配置提供数据支撑和可靠依据。

6）宣传普及。宣传普及是保障全民积极了解、参与和监督地下水储备战略实施的有效手段。实施地下水储备不仅是保障区域现有公民应对旱涝事件和可持续发展的重要战略，更是关乎子孙后代延续生存的重大举措。在开展宣传上应将涉水科研人员的专业素养与权威性、涉水部门的实践经验与行政权以及媒体的广度覆盖与思想渗透三个层位紧密结合成一体，对公众进行区域水情知识的普及。通过宣传，使得公众明白"今天多用'一盆'地表水，用好'一盆'地表水，就会为后人多留'一盆'地下水"的道理；配合节水型社会建设及环境保护等其他宣传，让公众从内心建立起节约用水、保护地下水的强烈意识，自发改变用水习惯和方式，主动参与水资源的民主监督管理。

### 7.2.1.3　以水利部门为龙头的统筹分工

地下水储备是涉及各个领域的系统工程，其中各级政府是战略实施的责任主体，水利、农业、林业、环保是直接相关部门；除此之外，战略实施还与发改委、城建、国土资源、财政等部门密切关联。只有加强政府领导，上述各部门集合应对、协同行动，建立高效负责、密切配合的组织体系，才能保障战略的顺利开展和长效实施。

具体地，应该由水利部门趁着实施压采的东风，牵头制定、实施相应政策、法规，规划实施各项工程，运用有效手段进行各项管理；农业部应推广节水耐旱作物，降低区域灌溉用水总量，提高灌溉用水效率；林业部主要做好区域，特别是储备区上游的水土保持工作，通过植树造林促进水源涵养；环保部门对水质及污水排放给予把关，确保地下水水质不受破坏；发改委在新上马的项目审批中给予把关，对高耗水企业审批要严格谨慎，特别对取用储备区地下水的高耗水、高污染项目要坚决取缔；财政部门理顺地方财政和部门投资的渠道，确保所需资金到位，为战略实施提供财力保障；国土资源部门负责关闭上游非法煤矿和小铁矿，制止影响储备区的任何采矿活动，配合水利部门进行矿井疏干水的回用；城建部门负责协调自来水供水管网建设及自来水接入，逐步封闭储备区人畜地下饮用水井。除此之外，其他单位也要对地下水储备的实施给予配合，譬如：工商部门从企业年检给予把关，将已经列入关闭地下水井、压缩开采量计划却不按时封井或不按时足额缴纳水资源费的企业单位不予年检；为确保关闭地下水井、压缩开采量等各项涉及用水部门利益的措施能够安全顺利实施，公安部门在执法上给予支持；电力部门从电力供应方面给予配合，对于列入关闭地下水井、压缩开采量计划的取水井要及时切断电源。在上述各部门协同配合的基础上，将地下水储备纳入区域发展目标责任考核体系，将不同阶段的地下水储备实施目标明确化，并按照完成目标的具体情况进行奖优罚劣，落实责任，保障地下水储备战略在邯郸东部平原能够真正落地。

## 7.2.2  分期目标和实施

地下水储备既是及时遏制地下水超采的紧要举措，又是关乎区域国计民生的持久战略。实施地下水储备战略应遵循"统筹规划、重点突破、因地制宜、注重实效"的原则，分期治理、逐步实施。首先应多措并举、全面有效地治理地下水超采，迅速遏制超采局面；其次，各部门协同行动，逐步实现地下水的采补平衡，促进地下水位止降回升，进行水源的涵养恢复；最终实现地下水的战略储备。具体的华北平原地下水储备战略分四个阶段实施，如图7-3所示，其中第一阶段目标为压缩超采、减缓发展；第二阶段目标为采补平衡、维持现状；第三阶段目标为压缩开采、略有盈余；第四阶段目标为涵养水源、良性循环。

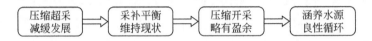

图 7-3　地下水储备战略的分期目标

在多部门集合、多手段措施集合下，邯郸东部平原的地下水储备战略不同目标的具体实施如下：首先要建立替代水源和多水源调度方案，包括替代水源位置、类型、水量及工程的确定以及多水源联合配置和调控方案的设计等，通过替代水源来置换地下水，压缩超采区的开采量、减缓超采区地下水超采的发展速度，实现第一阶段目标；其次，根据水资源开发利用红线和效率红线、节水型社会建设的要求，促进区域产业结构调整，各部门协同合作，关停改一批高耗水行业，使得区域的地下水补给量和规划开采量达到平衡，遏制超采区漏斗的继续扩大、保证环境问题不再恶化，实现第二阶段目标；再次，在替代水源工程和产业调整的基础上，进一步通过集合科技研究、水价调整、机制创新和宣传普及等一系列非工程措施，加大各业节水力度，使得区域规划的开采量小于补给量，超采状况逐步得到改善，实现第三阶段目标；最后，在上述阶段目标完成的基础上，通过集合河湖连通、蓄滞洪区建设以及人工回灌等各种手段进一步增加地下水的河道渗漏补给量，使得区域地下水资源环境逐渐恢复，区域地下水能够良性循环，实现第四阶段目标，并最终实现地下水储备的战略目标。

上述各阶段目标可根据邯郸东部平原各县地下水利用的具体情况来灵活实施，不必萧规曹随，其中，各超采区是战略实施的重点区域和难点区域，需严格按照地下水功能区划分结果实施相应的阶段目标；而非超采区则根据实际情况，实施目标可以直接进入第二阶段，甚至第三阶段。根据平原超采区分布和超采情况以及河北省分解给邯郸市的地下水压采任务来进行目标调控。按照"水源有保证、干渠畅通、成方连片、压采又增产"的原则，通过新增地表水工程，在地下水储备各单元实施节水灌溉，基本成"水"字布局，且互连互通，水源可互相调剂，确保地下水储备的实施，确保粮食效益。邯郸东部平原地下水储备区的地表水工程、涉及县区范围等基本情况如表3-13所示（邯郸市水利局，2014a）。

　　总之，实施地下水储备是关乎区域子孙后代的千年大计，是发生特大干旱等紧要关头用以遏制旱魔肆虐、挽救局势、维持社会稳定的最后手段。地下水储备的实施以"十六字"治水方针为指导，以建设人水和谐为目标，以地下水超采区调控为工作重点，通过多举措集合，多部门协作，有效压缩地下水超采量，不断优化区域供水结构，尽快实现区域地下水的采补平衡，促进地下水位止降回升，从而提高区域旱涝综合应对能力。

# 7.3 小　　结

　　干旱应对策略的制定是干旱预警管理的最后措施，也是区域抵制旱灾的重要的非工程措施。针对区域目前的水利工程布局情况、建设情况、管理情况，指出区域抗旱防旱存在的问题。在习总书记新时期治水方略等重大战略部署的指导下，在研究区设计情景下的农业干旱定量预估结果和干旱应急水源储备预测结果的基础上，基于对以往问题的科学总结辨析，在分析邯郸东部平原水文地质条件的基础上，提出地下水储备综合战略；根据区域实际，分阶段、因地制宜地布设了研究区干旱应急水源储备区，使得区域农业干旱应对策略落到了实处。

# |第8章| 结论与展望

## 8.1 主要结论

本书依托国家自然科学基金（51409078，51279207）、河北省自然科学基金（E2017402178）等多项国家级省市科研项目，选取邯郸东部平原为研究区，基于区域农田水循环受到强人类活动扰动的事实和背景，以"自然-社会"二元水循环理论为指导，立足解析强人类活动下农业水循环关键要素变化的理论需求，从区域开展多类型水利工程下干旱预警的实际出发，就多水源调配下区域农业干旱的定量预估和干旱应急水源变化进行了研究。主要结论如下。

1）基于实施地下水压采的管理背景，以水资源限制红线为约束，对未来干旱情景下区域水资源进行了优化配置，结果表明，未来区域供水水源更趋多样化和均匀化。

在对长序列面降水数据排频分析的基础上，设计了未来干旱情景下每年的月降水过程。以用水总量限制红线和用水效率红线以及地下水双红线为阈值，根据区域供水水源规划和布局，对区域水资源进行了配置，特别对农业用水进行了分水源、分行政区的优化配置。结果表明，多水源工程体系下，区域地下水供水比例逐渐降低，外调水和非常规水比例逐步提高；优化后的农业用水水源中，地下水显著减少，当地地表水、外调水和非常规水逐渐增多，地下水占主导的农业供水格局将彻底被改变。未来，区域供水水源更趋多元化，各水源比例更趋均匀化。

2）基于多水源调配体系下区域农业干旱识别理论方法，以区域干旱预警和管理为实际出发点，对未来区域旱情进行了预测。结果表明，永年县西北部是整个区域最易发生旱情的地带，引黄工程缓解区域旱情作用明显。

基于土壤水资源的相关理论，在前人调亏试验结果的基础上，考虑土壤水存储空间的异质性，构建了区域农业干旱指标——SM-AWC（soil moisture based on available water capacity）干旱指标。基于适水发展的需求，在上述农业用水优化配置的结果上，改进设计了区域灌溉制度，构建了多水源调配体系下区域农业干旱识别理论方法。基于该理论方法，利用 MODCYCLE 模型对未来连枯情景下的区域旱情进行了预测。空间分布表明，永年县西北部是整个区域最易发生旱情的地带，其次是大名县的东南部。旱情区域的差异性和水利工程的布局密切相关，永年县西北部因不具备地表水供水条件，也不是引黄受水区，极易发生干旱。区域冬小麦拔节—抽穗时期的干旱与土壤前期底墒密切相关，前一年冬四月引黄水及降水的减少会引发下一年的旱情。从时间变化上表明，由于区域冬小麦抽穗—灌浆初期没有设定灌溉，加之春季降水偏少，该时期旱情比同年拔节—抽穗时期的旱情普遍严峻。

3）针对区域地下水超采严重的现实情势，以二元水循环理论为指导，就多水源调配下区域干旱应急水源变化进行了定量预估。结果表明，浅层地下水受区域降水丰枯性影响而呈波动性变化，深层地下水蓄量逐步恢复。

通过模拟分析浅层地下水位埋深可知，区域浅层地下水埋深随着降水丰枯性变化而变化，其中，中东部站点的埋深与降水相关性密切。因 D~G 情景为连续枯水年组，区域大部分站点埋深在这一阶段呈现下降趋势，但曲周、蔡小庄和平固店等站点的水位埋深整体呈上升趋势，反映了多水源调配工程的作用。通过模拟分析未来不同年份深层地下水头降幅时空变化情况，得出整个邯郸东部平原深层地下水头降幅在空间分布上呈现南北带状分布、由西向东起伏增大的趋势，降幅大都集中在 4~10m。丰水年时，山前地区会出现少部分水位降幅低于 2m 的区域。在设计情景年组内，随着地下水压采方案的实施和多水源供给局面的逐渐形成，承压水头开始逐渐上升，地下水头 4m 以上降幅在空间的分布范围逐渐减少，4m 以下降幅的空间分布范围则逐渐增加，工程效应逐渐得到体现。

4）针对区域应对干旱的管理需求，基于节水型社会建设、实施最严格水资源管理制度，提出了以水利部门为龙头，多部联动多措并举的地下水储备战略，详细制定了应对策略，提出了分期目标并布设了典型区域干旱应急水源储备单元。

针对区域目前的水利工程布局情况、建设情况、管理情况，指出区域抗旱防旱存在的问题。在习总书记新时期治水思路等重大战略部署的指导下，在区域设计情景下的农业干旱定量预估结果和干旱应急水源储备预测结果的基础上，基于对以往问题的科学归纳辨析，总结指出实施地下水储备战略是应对邯郸东部平原的根本对策。特别地，在分析邯郸东部平原水文地质条件的基础上，提出了地下水压采分期治理目标，分阶段、因地制宜地布设了典型区域干旱应急水源储备区，使得地下水战略储备部署和干旱应急对策落到了实处。

# 8.2 展　　望

为保证粮食安全，在农业用水总量零增长的背景下，节水农业和节水灌溉农业是我国走可持续农业的基本途径。节水农业和节水灌溉农业的突出特征就是其水分循环与自然的旱作农业或者旱地农业相比更为复杂，受到的人类活动干扰更为剧烈。本书以"自然 - 社会"二元水循环理论为指导，在基于土壤水库解析的干旱定量化评价方法、SM-AWC 农业干旱指标在大尺度多水源调配区域的评价以及面向干旱应对的灌溉制度设计等方面取得了有价值的创新成果，但在多水源调配体系与区域农业干旱、灌溉保证率的相关性等方面还需开展进一步的研究和探讨，具体如下。

（1）多水源工程体系缓解区域农业干旱的效用研究

本书对多水源工程体系建成后，历史干旱情景再现下的区域农业干旱进行了定量评估。但水源工程建成前，区域农业干旱的本底情景以及各工程效用评价有所缺失。利用 SM-AWC 指标，在下一步研究中，首先可计算多水源工程体系建成前，不同丰枯降水情景下的区域灌溉保证率；其次，根据引黄、引江、地下水压采以及非常规水源等不同工程的完成时间，分别模拟计算同一丰枯情景下，各工程引入后的区域灌溉保证率以及对保证率提高的贡献率；再次，分别解析出不同水源工程对区域农业干旱缓解的贡献率，进而可以进行不同水源工程对缓解区域干旱的效用评估研究以及多水源工程体系对缓解区域农业干旱的综合效用评估。

（2）基于陆气耦合的区域干旱定量预估研究

本书建立的模型可以对区域农田"四水"转化过程进行有效的模拟，在此基础上实现对农田土壤墒情的定量计算。在对未来情景的模拟分析当中，本书对未来干旱情景的设定，是对过去较长时期的历史数据进行统计分析之后，基于数理统计理论提出的理论情景再现，这种再现情景的前提是区域水文过程是平稳的，未来的统计特性和历史与现在相比没有发生大的跳跃或者畸变。事实上，随着气候变化的人类活动的影响，水文要素有可能发生较大变化。基于此，下一步研究过程中，拟结合全球气候模型，区域气候模式以及陆气耦合等手段，对气候和天气要素进行降尺度模拟，对未来的下垫面变化进行动态修正，从而提升"四水"转化模型的模拟效果，做到真正的情景预测。

（3）多水源工程控制区域农业干旱的综合调度研究

在上述多水源工程缓解区域农业干旱的效用评价以及基于陆气耦合的干旱定量预估的基础上，就区域农业干旱应对进行多水源工程的综合调度研究。精细解析不同干旱等级下，不同水源工程启用的先后顺序及启用时间，特别是地下水启动阈值时间。模拟不同干旱等级下，不同水源工程应对干旱的调度水量，特别是地下水量的使用限额，进而制定出区域更加详细的干旱预报和预警方案。

# 参 考 文 献

白云岗, 木沙·如孜, 雷晓云, 等 . 2012. 新疆干旱灾害的特征及其影响因素分析 . 人民黄河 , 34(7): 61-63.

包为民 . 1993. 格林 - 安普特下渗曲线的改进和应用 . 人民黄河 , 09: 1-3.

包为民, 王从良 . 1997. 垂向混合产流模型及应用 . 水文 , 03: 19-21.

毕雪 . 2010. 变化环境下区域水循环响应定量研究——以邯郸地区为例 . 北京 : 中国水利水电科学研究院硕士学位论文 .

蔡焕杰, 康绍忠, 张振华, 等 . 2000. 作物调亏灌溉的适宜时间与调亏程度的研究 . 农业工程学报 , 16(3): 24-27.

柴红敏, 蔡焕杰, 王健, 等 . 2009. 亏缺灌溉试验中土壤水分胁迫水平设置新指标 . 中国农村水利水电 , 6: 14-17.

陈崇希, 唐仲华 . 1990. 地下水流动问题数值方法 . 武汉 : 中国地质大学出版社 .

陈海涛, 黄鑫, 邱林, 等 . 2013. 基于最大熵原理的区域农业干旱度概率分布模型 . 水利学报 , 02: 221-226.

陈洪松, 邵明安, 张兴昌, 等 . 2005. 野外模拟降雨条件下坡面降雨入渗、产流试验研究 . 水土保持学报 , 02: 5-8.

陈家宙, 吕国安, 王石, 等 . 2007. 红壤干旱过程中剖面水分特征与土层干旱指标 . 农业工程学报 , 04: 11-16.

陈晓宏, 涂新军, 谢平 . 2010. 水文要素变异的人类活动影响研究进展 . 地球科学进展 , (8): 800-811.

陈晓楠 . 2008. 农业干旱灾害风险管理理论与技术 . 西安 : 西安理工大学博士学位论文 .

陈晓楠, 邱林, 黄强, 等 . 2008. 农业干旱程度量化分析及其概率分布 . 自然灾害学报 , 05: 108-112.

陈亚新, 康绍忠 . 1995. 非充分灌溉原理 . 北京 : 水利电力出版社 .

陈志恺 . 2011. 加大宣传力度让公众了解水旱灾害与水利工程抗灾作用 . 中国水利 , 12: 11.

陈志恺, 秦大庸, 王建华, 等 . 2014. 华北平原旱涝集合应对研究 . 北京 : 中国水利水电科学研究院 .

程满金, 郑大玮, 张建新 . 2007. 半干旱地区集雨旱作节水农业技术集成总体模式研究 . 节水灌溉 , 03: 1-5, 9.

程汤培 . 2011. 地下水流动数值模拟的高效并行计算研究 . 北京 : 中国地质大学博士学位论文 .

仇亚琴 . 2006. 汾河流域水土保持措施水文水资源效应初析 . 自然资源学报 , 1: 24-30.

邓洁霖 . 1965. 超渗产流情况下降雨径流预报方法的建议 . 水利水电技术 : 水文副刊 , 6: 18-21.

邓振镛, 方德彪, 仇化民 . 1996. 甘肃东部旱作区土壤水库贮水力的研究 . 应用气象学报 , (02): 169-174.

方宏阳 . 2014. 黄河流域多时空尺度干旱演变规律研究 . 邯郸 : 河北工程大学硕士学位论文 .

方宏阳, 杨志勇, 栾清华, 等 . 2013. 基于 SPI 的京津冀地区旱涝时空变化特征分析 . 水利水电技术 , 44(10): 13-16.

峰峰农业气候资源考察组 . 1985. 峰峰矿区农业气候资源考察成果报告 . 峰峰矿区 : 峰峰农业气候资源考察组 .

冯定原, 邱新法, 李琳一 . 1992. 我国农业干旱的指标和时空分布特征 . 南京气象学院学报 , 04: 508-516.

冯平 . 1997. 供水系统水文干旱的识别 . 水利学报 , 11: 72-77.

冯平, 李绍飞, 王仲珏 . 2002. 干旱识别与分析指标综述 . 中国农村水利水电 , 07: 13-15.

傅豪, 杨小柳 . 2014. 基于供需比和蓄水系数的云南农业干旱分析 . 水利学报 , 08: 991-996, 1003.

甘小艳, 刘成林, 黄小敏 . 2011. 鄱阳湖干旱分析 . 安徽农业科学 , 39(24): 14676-14678.

高桂霞, 许明丽, 唐继业 . 2011. 干旱指标及等级划分方法研究 . 安徽农业科学 , 39(09): 5301-5305.

高学睿 . 2013. 基于水循环模拟的农田土壤水效用评价方法与应用 . 北京 : 中国水利水电科学研究院博士学位论文 .

耿鸿江，沈必成．1992．水文干旱的定义及其意义．干旱地区农业研究，04：91-94．

龚志强，封国林．2008．中国近 1000 年旱涝的持续性特征研究．物理学报，57(6)：3920-3931．

关兆涌，冯智文．1993．北方易旱农业区干旱指标与规律的研究．水文，05：7-14．

管新建，齐雪艳，吴泽宁，等．2013．干旱区农田水利工程生态经济评价的能值分析．干旱区资源与环境，
    27(9)：50-53．

郭凤台．1996．土壤水库及其调控．华北水利水电学院学报，17(2)：72-80．

郭生练，熊立华，杨井，等．2000．基于 DEM 的分布式流域水文物理模型．武汉水利电力大学学报，33(6)：1-5．

郭秀林，李广敏．2002．作物根系性状与水分胁迫 // 马瑞崑，贾秀领．当代作物生理学研究．北京：中国农业
    科学技术出版社．

海河流域委员会．1995．海河流域历史水旱灾害统计年鉴．天津：海河流域委员会．

邯郸市城市建设管理局．2010．邯郸市污水处理厂改造扩建规划．邯郸：邯郸市城市建设管理局．

邯郸市水利局．2008．河北省邯郸市水资源评价．北京：学苑出版社．

邯郸市水利局．2010．邯郸市抗旱规划．邯郸：邯郸市水利局．

邯郸市水利局．2014a．河北省邯郸市地下水超采区节水压采实施方案．邯郸：邯郸市水利局．

邯郸市水利局．2014b．二〇一三年水利统计年报．邯郸：邯郸市水利局．

邯郸市水资源综合管理办公室．2014．邯郸市水资源公报．邯郸：邯郸市水利局．

邯郸市统计局，国家统计局邯郸调查队．2014．邯郸统计年鉴．北京：中国统计出版社．

韩冬梅．2015．海河流域干旱事件演变规律及发展趋势预估．邯郸：河北工程大学硕士学位论文．

河北省水利厅．1996．河北省历史水旱灾害统计年鉴．石家庄：河北省水利厅．

胡彩虹，王金星，王艺璇，等．2013．水文干旱指标研究进展综述．人民长江，44(7)：11-15．

胡梦芸，张正斌，徐萍，等．2007．亏缺灌溉下小麦水分利用效率与光合产物积累运转的相关研究．作物学报，
    33(11)：1884-1891．

胡振鹏，林玉茹．2012．气候变化对鄱阳湖流域干旱灾害影响及其对策．长江流域资源与环境，21(7)：897-
    904．

黄健熙，张洁，刘峻明，等．2015．农业干旱 DSI 对冬小麦产量的影响分析．农业机械学报，46（3）：168-173．

黄晚华，杨晓光，曲辉辉，等．2009．基于作物水分亏缺指数的春玉米季节性干旱时空特征分析．农业工程
    学报，25(8)：28-34．

黄晚华，隋月，杨晓光，等．2014．基于连续无有效降水日数指标的中国南方作物干旱时空特征．农业工程学
    报，04：125-135．

黄文贵．1993．福建水文科学在兴利减灾中的重要作用．水文，S1：18-20，52．

黄锡荃，等．1985．水文学．北京：高等教育出版社．

黄新会，王占礼，牛振华．2004．水文过程及模型研究主要进展．水土保持研究，11(4)：105-108．

贾树龙，孟春香，唐玉霞，等．1995．水分胁迫条件下小麦的产量反应及对养分的吸收特性．土壤通报，
    26(1)：6-8．

贾仰文，王浩，王建华，等．2005．黄河流域分布式水文模型开发和验证．自然资源学报，20(2)：300-308．

贾仰文，王浩，周祖昊，等．2010a．海河流域二元水循环模型开发及其应用：Ⅰ．模型开发与验证．水科
    学进展，21(1)：1-8．

贾仰文，王浩，甘泓，等．2010b．海河流域二元水循环模型开发及其应用：Ⅱ．水资源管理战略研究应用．
    水科学进展，21(1)：9-15．

菅原正巳.2000.水箱模型参考手册.茨城:日本国立防灾减灾科学技术研究中心.

蒋桂芹.2013.干旱驱动机制与评估方法研究.北京:中国水利水电科学研究院博士学位论文.

焦敏,李荣平,张晓月,等.2017.辽宁省未来7d土壤墒情逐日滚动预报方法研究.气象科学,37:1-7.

鞠笑生.1998.气候旱涝指标方法及其分析.自然灾害学报,7(3):51-57.

雷志栋,杨诗秀,谢传森.1988.土壤水动力学.北京:清华大学出版社.

李柏贞,周广胜.2014.干旱指标研究进展.生态学报,34(5):1043-1052.

李德全,张以勤,邹琦,等.1992.土壤水分胁迫对抗旱性小麦水分状况、光合及产量的影响.山东农业大学学报,23(2):125-130.

李海亮,戴声佩,胡盛红,等.2012.基于空间信息的农业干旱综合监测模型及其应用.农业工程学报,28(22):181-188,295.

李洪建,王孟本,陈良富,等.1996.不同利用方式下土壤水分循环规律的比较研究.水土保持通报,16(2):24-28.

李晋生,郭文奇,段明革.2002.高产小麦前期不同浇水管理的生理效应//马瑞崑,贾秀领.当代作物生理学研究.北京:中国农业科学技术出版社.

李兰,钟名军.2003.基于GIS的LL-2分布式降雨径流模型的结构.水电能源科学,21(4):35-38.

李佩成.1984.试论干旱.干旱地区农业研究,02:4-17.

李少华,李岩,李少贞,等.2010.沧州区域雨洪资源综合利用模式研究与实施.节水灌溉,02:60-63.

李向国,陈合营,赖平.2009.陕西省去冬今春百日大旱的深刻启示.理论导刊,12:72-75.

李小雁,龚家栋,高前兆.2001.人工集水面临界产流降雨量确定实验研究.水科学进展,12(4):516-522.

李兴华,李云鹏,杨丽萍.2014.内蒙古干旱监测评估方法综合应用研究.干旱区资源与环境,28(03):162-166.

李星敏,杨文峰,高蓓,等.2007.气象与农业业务化干旱指标的研究与应用现状.西北农林科技大学学报(自然科学版),07:111-116.

李裕元,邵明安.2004.降雨条件下坡地水分转化特征实验研究.水利学报,4:48-53.

李元勋.2014.漳河上游的干旱指标分析及判定.邯郸:河北工程大学硕士学位论文.

李中锋,袁明菊.2011.如何认识和理解干旱.水利水电技术,06:67-71.

梁哲军,陶洪斌,闫祥利,等.2008.玉米光合生理对苗期土壤水分亏缺的响应.玉米科学,16(4):72-76.

刘昌明,魏忠义.1989.华北平原农业水文及水资源.北京:科学出版社.

刘家宏,高学睿,刘淼,等.2015.海河流域土壤水监测数据集成与土壤水效用评价.北京:科学出版社.

刘可晶,王文,朱烨,等.2012.淮河流域过去60年干旱趋势特征及其与极端降水的联系.水利学报,10:1179-1187.

刘少华.2014.基于水资源系统的干旱风险应对研究——以大清河流域为例.北京:中国水利水电科学研究院硕士学位论文.

刘颖秋.2005.节水型社会建设是实现可持续发展的战略性措施.中国水利,13:63-65.

刘占明,陈子桑,黄强,等.2013.7种干旱评估指标在广东北江流域应用中的对比分析.资源科学,05:1007-1015.

刘宗元,张建平,罗红霞,等.2014.基于农业干旱参考指数的西南地区玉米干旱时空变化分析.农业工程学报,02:105-115.

龙秋波.2011.邯郸市东部平原区可持续水资源管理研究.邯郸:河北工程大学硕士学位论文.

卢晓宁，洪佳，王玲玲，等.2015.复杂地形地貌背景区干旱风险评价.农业工程学报，01: 162-169.

陆垂裕，秦大庸，王浩.2011.一种基于水循环的地下水数值仿真方法：中国，201110437875. 4. 2011-12-23.

陆垂裕，秦大庸，张俊娥，等.2012.面向对象模块化的分布式水文模型 MODCYCLE: I. 模型原理与开发篇.水利学报，10: 1135-1145.

栾清华，吴旭，高学睿，等.2014.典型区域降雨复杂性分布的变化分析.水利水电技术，45(10): 24-26.

罗贵荣.2010.广西马山岩溶地区干旱灾害特征及防治途径.中国水利，07: 8-10.

马建华.2010.西南地区近年特大干旱灾害的启示与对策.人民长江，24: 7-12.

毛萌，任理，韩琳琳.2016.黑龙港地区的农业干旱风险评估.南水北调与水利科技，14(06): 18-26.

孟春红，夏军.2004."土壤水库"储水量研究.节水灌溉，4: 8-10.

孟祥琴，郭红霞，乔光建.2012.人类活动影响下水文要素变化特征分析.水科学与工程技术，6: 9-12.

孟兆江，段爱旺，刘祖贵，等.2004.辣椒植株茎直径微变化与作物体内水分状况的关系.中国农村水利水电，2: 28-30.

明博，陶洪斌，王璞.2013.基于标准化降水蒸散指数研究干旱对北京地区作物产量的影响.中国农业大学学报，18(05): 28-36.

莫伟华，王振会，孙涵，等.2006.基于植被供水指数的农田干旱遥感监测研究.南京气象学院学报，29(3): 396-402.

牟筱玲，鲍啸.2003.土壤水分胁迫对棉花叶片水分状况及光合作用的影响.中国棉花，30(9): 9-10.

穆兴民，王文龙.1999.黄土高原沟壑区水土保持对小流域地表径流的影响.水利学报，2: 763-77.

那音太.2015.基于 SPI 指数的近 50a 内蒙古地区干旱特征分析.干旱区资源与环境，29(05): 161-166.

牛文元.2012.中国可持续发展的理论与实践.中国科学院院报，27(3): 281-287.

潘春辉.2009.清代河西走廊水利开发与环境变迁.中国农史，04: 123-130.

彭振阳，黄介生，伍靖伟，等.2012.基于分层假设的 Green-Ampt 模型改进.水科学进展，01: 59-66.

齐红岩，李天来，张洁，等.2004.亏缺灌溉对番茄蔗糖代谢和干物质分配及果实品质的影响.中国农业科学，37(7): 1045-1049.

秦大庸，刘家宏，陆垂裕，等.2010a.海河流域二元水循环研究进展.北京：科学出版社.

秦大庸，张光辉，陆垂裕，等.2010b.海河流域二元水循环模式与水资源演变机理.北京：中国水利水电科学研究院.

秦越，徐翔宇，许凯，等.2013.农业干旱灾害风险模糊评价体系及其应用.农业工程学报，10: 83-91.

覃小群.2005.桂中岩溶干旱特征及综合治理对策.桂林工学院学报，03: 278-283.

邱林，陈晓楠，段春青，等.2004.农业干旱程度评估指标的量化分析.灌溉排水学报，03: 34-37.

邱林，王文川，陈守煜.2011.农业旱灾脆弱性定量评估的可变模糊分析法.农业工程学报，S2: 61-65.

屈丽琴，雷廷武，赵军，等.2008.室内小流域降雨产流过程试验.农业工程学报，24(12): 25-30.

仁尚义.1991.干旱概念探讨.干旱地区农业研究，1: 139-141.

任立良，刘新仁.2000.基于 DEM 的水文物理过程模拟.地理研究，19(4): 369-376.

任余龙，石彦军，王劲松，等.2013.1961—2009 年西北地区基于 SPI 指数的干旱时空变化特征.冰川冻土，35(04): 938-948.

芮孝芳.1997.流域水文模型研究中的若干问题.水科学进展，8(1): 94-98.

芮孝芳.2013.产流模式的发现与发展.水利水电科技进展，33(1): 1-6.

芮孝芳，姜广斌.1997.产流理论与计算方法的若干进展及评述.水文，4: 16-20.

山仑. 2011. 科学应对农业干旱. 干旱地区农业研究, 02: 1-5.

山仑, 康绍忠, 吴普特. 2004. 中国节水农业. 北京: 中国农业出版社.

山西省水利厅. 2002. 节水山西战略规划. 太原: 山西省水利厅.

山西省水利厅. 2008. 山西省地下水超采区治理行动计划. 太原: 山西省水利厅.

沈冰, 王文焰, 沈晋. 1995. 短历时降雨强度对黄土坡地径流形成影响的实验研究. 水利学报, 03: 21-27.

石岩, 于振文, 位东斌, 等. 1999. 土壤水分胁迫对冬小麦氮素分配利用及产量的影响. 核农学报, 13(1): 27-
    33.

水利电力部福建省水文总站. 1965. 闽江沙溪降雨径流关系的探讨. 水利水电技术: 水文副刊, 7: 13-18.

宋连春. 1991. 我国夏季风活跃期旱涝变化及其影响分析. 灾害学, 3: 19-24.

孙景生, 刘祖贵, 肖俊夫, 等. 1998. 冬小麦节水灌溉的适宜土壤水分上、下限指标研究. 中国农村水利水电,
    9: 10-12.

孙丽, 王飞, 李保国, 等. 2014. 基于多源数据的武陵山区干旱监测研究. 农业机械学报, 01: 246-252.

孙荣强. 1994. 旱情评定与灾情指标之探讨. 自然灾害学报, 03: 49-55.

孙廷容, 黄强, 张洪波, 等. 2006. 基于粗集权重的改进可拓评价方法在灌区干旱评价中的应用. 农业工程
    学报, 04: 70-74.

孙玉民, 全国强, 吴建华. 2006. 机井计算机监测控制系统的理论与实践——华北半干旱偏旱井灌区及旱作
    区节水农业综合技术. 太原理工大学学报, 04: 400-402.

孙智辉, 王治亮, 曹雪梅, 等. 2013. 基于标准化降水指数的陕西黄土高原地区 1971—2010 年干旱变化特
    征. 中国沙漠, 33(05): 1560-1567.

谭徐明, 等. 2013. 清代干旱档案史料. 北京: 中国书籍出版社.

汤广民. 2001. 水稻旱作的需水规律与土壤水分调控. 中国农村水利水电, 9: 18-20.

汤广民, 蒋尚明. 2011. 水稻的干旱指标与干旱预报. 水利水电技术, 42(08): 54-58.

唐建生, 夏日元, 徐远光, 等. 2006. 广西中部岩溶区农业干旱成因与治旱对策. 中国岩溶, 04: 301-307.

万群志, 杨光, 李翰卿. 2014. 嘉陵江流域干旱应急水量调度预案研究. 人民长江, 03: 16-19.

王维, 蔡一霞, 蔡昆争, 等. 2005. 土壤水分亏缺对水稻茎秆贮藏碳水化合物向籽粒运转的调节. 植物生态
    学报, 29(5): 819-828.

王晨阳, 马元喜. 1992. 不同土壤水分条件下小麦根系生态生理效应的研究. 华北农学报. 7(4): 1-8.

王刚, 严登华, 杜秀敏, 等. 2014a. 基于水资源系统的流域干旱风险评价——以漳卫河流域为例. 灾害学,
    04: 98-104.

王刚, 严登华, 申丽霞, 等. 2014b. 近 55 年以来漳卫河流域干旱演变特征. 南水北调与水利科技, 04: 1-5, 29.

王刚, 严登华, 吴楠, 等. 2015. 水利工程群应对干旱能力评价方法及应用. 灾害学, 01: 39-44.

王浩, 王建华. 2007. 现代水文学发展趋势及其基本方法的思考. 中国科技论文在线, 09: 617-620.

王浩, 陈敏建, 秦大庸, 等. 2003. 西北地区水资源合理配置和承载能力研究. 郑州: 黄河水利出版社.

王浩, 王建华, 秦大庸, 等. 2007. 基于二元水循环模式的水资源评价理论方法. 水利学报, 37(12): 1496-
    1502.

王浩, 严登华, 张建云, 等. 2014. 我国旱涝事件的集合应对战略研究. 北京, 南京: 中国水利水电科学研究
    院, 南京水利科学研究院, 中国农业大学.

王建华, 陈明. 2013. 中国节水型社会建设理论技术体系及其实践应用. 北京: 科学出版社.

王健. 2008. 陕北黄土高原土壤水库动态特征的评价与模拟. 杨凌: 西北农林科技大学博士学位论文.

王劲草 . 2004. 江淮分水岭丘陵地区缺水问题解决思路之我见 . 安徽农业科学 , 01: 1-2.

王劲松 , 郭江勇 , 周跃武 , 等 . 2007. 干旱指标研究的进展与展望 . 干旱区地理 , 01: 60-65.

王林 , 陈文 . 2014. 标准化降水蒸散指数在中国干旱监测的适用性分析 . 高原气象 , 33(02): 423-431.

王密侠 , 马成军 , 蔡焕杰 . 1998. 农业干旱指标研究与进展 . 干旱地区农业研究 , 03: 122-127.

王明田 , 王翔 , 黄晚华 , 等 . 2012. 基于相对湿润度指数的西南地区季节性干旱时空分布特征 . 农业工程学报 , 28(19): 85-92, 295.

王鹏新 , 龚健雅 , 李小文 . 2001. 条件植被温度指数及其在干旱监测中的应用 . 武汉大学学报 : 信息科学版 , 26(5): 412-419.

王润东 , 陆垂裕 , 孙文怀 . 2011. MODCYCLE 二元水循环模型关键技术研究 . 华北水利水电学院学报 , 32(2): 33-36.

王少丽 , N. Randin. 2011. 一种简单的年降雨 - 径流概念模型 . 水文 , 21(5): 20-23.

王树鹏 , 张云峰 , 方迪 . 2011. 云南省旱灾成因及抗旱对策探析 . 中国农村水利水电 , 09: 139-141, 144.

王文 , 王鹏 , 崔巍 . 2015. 长江流域陆地水储量与多源水文数据对比分析 . 水科学进展 , 26(06): 759-768.

王西琴 , 刘昌明 , 张远 . 2006. 基于二元水循环的河流生态需水水量与水质综合评价方法——以辽河流域为例 . 地理学报 , 61(11): 1132-1140.

王晓红 , 胡铁松 , 吴凤燕 , 等 . 2003. 灌区农业干旱评估指标分析及应用 . 中国农村水利水电 , 07: 4-6.

王晓红 , 乔云峰 , 沈荣开 , 等 . 2004. 灌区干旱风险评价模型研究 . 水科学进展 , 01: 77-81.

王莺 , 李耀辉 , 胡田田 . 2014. 基于 SPI 指数的甘肃省河东地区干旱时空特征分析 . 中国沙漠 , 34(01): 244-253.

韦朝强 . 2004. 桂中地区干旱的成因及解决措施 . 中国农村水利水电 , 07: 81-85.

翁白莎 . 2012. 流域广义干旱风险评价与风险应对研究——以东辽河流域为例 . 天津 : 天津大学博士学位论文 .

吴迪 , 裴源生 , 赵勇 , 等 . 2012. 基于区域气候模式的流域农业干旱成因分析 . 水科学进展 , 05: 599-608.

吴吉春 , 薛禹群 . 2009. 地下水动力学 . 北京 : 中国水利水电出版社 .

吴伟 , 王雄宾 , 武会 , 等 . 2006. 坡面产流机制研究刍议 . 水土保持研究 , 13(4): 84-86.

吴彰春 , 岑国平 . 1995. 坡面汇流的试验研究 . 水利学报 , 7: 84-88.

武晟 . 2004. 西安市降雨特性分析和城市下垫面产汇流特性实验研究 . 西安 : 西安理工大学硕士学位论文 .

武之新 , 贾春堂 . 1999. 雨季蓄沥 , 汛期引洪——关于解决河北沧州区域干旱缺水问题的建议 . 土壤通报 , 05: 210-211.

邢子强 , 严登华 , 翁白莎 , 等 . 2014. 下垫面条件对流域极端事件影响及综合应对框架 . 灾害学 , 01: 188-193.

熊光洁 , 王式功 , 李崇银 , 等 . 2014. 三种干旱指数对西南地区适用性分析 . 高原气象 , 33(03): 686-697.

徐尔灏 . 1950. 论年雨量之常态性 . 气象学报 , 21: 19-36.

徐建华 . 1995. 人类活动对自然环境演变的影响及其定量评估模型 . 兰州大学学报 , 3: 144-150.

徐宗学 . 2010. 水文模型 : 回顾与展望 . 北京师范大学学报 ( 自然科学版 ), 46(3): 278-289.

徐宗学 , 李景玉 . 2010. 水文科学研究进展的回顾与展望 . 水科学进展 , 04: 450-459.

徐宗学 , 罗睿 . 2010. PDTank 模型及其在三川河流域的应用 . 北京师范大学学报 ( 自然科学版 ), 03: 337-343.

徐宗学 , 等 . 2009. 水文模型 . 北京 : 科学出版社 .

许继军 , 杨大文 , 雷志栋 , 等 . 2008. 长江上游干旱评估方法初步研究 . 人民长江 , 39(11): 1-5.

许继军, 陈进, 黄恩平. 2009. 鄱阳湖口生态水利工程方案探讨. 人民长江, 40 (4) : 474-480.

许玲燕, 王慧敏, 段琪彩, 等. 2013. 基于 SPEI 的云南省夏玉米生长季干旱时空特征分析. 资源科学, 35(5): 1024-1034.

薛禹群, 等. 1997. 地下水动力学. 北京 : 地质出版社.

闫桂霞. 2009. 综合气象干旱指数及其应用研究. 南京 : 河海大学博士学位论文.

闫桂霞, 陆桂华, 吴志勇, 等. 2009. 基于 PDSI 和 SPI 的综合气象干旱指数研究. 水利水电技术, 40(4): 10-13.

严登华, 袁喆, 杨志勇, 等. 2013. 1961 年以来海河流域干旱时空变化特征分析. 水科学进展, 01: 34-41.

严登华, 翁白莎, 王浩, 等. 2014a. 区域干旱形成机制与风险应对. 北京 : 科学出版社.

严登华, 杨志勇, 钟平安, 等. 2014b. 气候变化对旱涝灾害的影响及风险评估. 北京 : 中国水利水电科学研究院.

颜开, 舒金扬, 熊珊珊, 等. 2013. 浅析广义干旱与狭义干旱的联系与区别. 水文, 02: 15-18.

阳园燕, 郭安红, 安顺清, 等. 2006. 土壤水分亏缺条件下根源信号 ABA 参与作物气孔调控的数值模拟. 应用生态学报, 17(1): 65-70.

杨贵羽, 王浩, 贾仰文, 等. 2014. 土壤水资源定量评价理论与实践. 北京 : 科学出版社.

杨建设, 许有彬. 1997. 论冬小麦抗旱丰产的根系调控问题. 干旱地区农业研究, 15(1): 50-57.

杨敏, 毕志国. 2010. 浅谈六盘水市水利工程在 2010 年大旱中发挥的作用. 中国水利, 14: 42-43.

杨绍锷, 闫娜娜, 吴炳方. 2010. 农业干旱遥感监测研究进展. 遥感信息, 21(1): 103-109.

姚玉璧, 张存杰, 邓振镛, 等. 2007. 气象、农业干旱指标综述. 干旱地区农业研究, 01: 185-189, 211.

叶许春, 张奇, 刘健, 等. 2012. 鄱阳湖流域天然径流变化特征与水旱灾害. 自然灾害学报, 01: 140-147.

尹树斌, 巢礼义, 冯发林. 2005. 湖南省农业干旱灾害特征与水资源高效利用模式. 湖南师范大学自然科学学报, 04: 80-84.

于晨曦, 陈浒, 熊康宁. 2013. 喀斯特峡谷区干旱灾害下的水资源工程性保障研究——以花江石漠化综合示范区顶坛小流域为例. 水土保持研究, 03: 305-309.

于维忠. 1985. 论流域产流. 水利学报, 02: 1-11.

余晓珍. 1996. 美国帕尔默旱度模式的修正和应用. 水文, 6: 30-36.

余优森. 1992. 我国西部的干旱气候与农业对策. 干旱地区农业研究, 01: 1-8.

袁文平, 周广胜. 2004a. 干旱指标的理论分析与研究展望. 地球科学进展, 06: 982-991.

袁文平, 周广胜. 2004b. 标准化降水指标与 Z 指数在我国应用的对比分析. 植物生态学报, 04: 523-529.

袁作新. 1988. 流域水文模型. 北京 : 水利水电出版社.

张寄阳, 孟兆江, 段爱旺, 等. 2005. 茎直径变化诊断棉花水分亏缺程度的试验研究. 灌溉排水学报, 24(2): 35-38.

张家发, 冯德顺, 魏岩峻, 等. 2010. 昆明地区 2010 年旱情影响因素分析及未来对策. 人民长江, 19: 1-6.

张景书. 1993. 干旱的定义及其逻辑分析. 干旱地区农业研究, 03: 97-100.

张俊, 陈桂亚, 杨文发. 2011. 国内外干旱研究进展综述. 人民长江, 10: 65-69.

张俊娥, 陆垂裕, 秦大庸, 等. 2011a. 基于 MODCYCLE 分布式水文模型的区域产流规律. 农业工程学报, 27(4): 65-71.

张俊娥, 陆垂裕, 秦大庸, 等. 2011b. 基于分布式水文模型的区域"四水"转化. 水科学进展, 22(5): 595-604.

张兰霞.2012.基于关键水循环要素的海河流域干旱演变研究.大连:辽宁师范大学硕士学位论文.

张蕾娜,李秀彬.2004.用水文特征参数变化表征人类活动的水文效应初探——以云州水库流域为例.资源科学,02: 62-67.

张宁,陆文聪,董宏记,等.2006.干旱地区农村小型水利工程参与式管理的农户行为分析.中国农村水利水电,11: 22-24.

张瑞美,彭世彰,徐俊增,等.2006.作物水分亏缺诊断研究进展.干旱地区农业研究,24(2): 205-210.

张士锋,刘昌明,夏军,等.2004.降雨径流过程驱动因子的室内模拟实验研究.中国科学:D辑,34(3): 280-289.

张书函,丁跃元,戴建平,等.2002.日光温室樱桃西红柿滴灌适宜土壤水分控制指标研究.中国农村水利水电,1: 23-25.

张素芬,任喜禄,褚丽妹.2009.辽西地区2006年特大旱灾损失及抗旱减灾措施.中国农村水利水电,08: 75-76, 80.

张亚黎,罗宏海,张旺锋,等.2008.土壤水分亏缺对陆地棉花铃期叶片光化学活性和激发能耗散的影响.植物生态学报,32(3): 681-689.

张英普,何武全,韩健.2001.玉米不同生育期水分胁迫指标.灌溉排水,20(4): 18-20.

张玉芳,王明田,刘娟,等.2013.基于水分盈亏指数的四川省玉米生育期干旱时空变化特征分析.中国生态农业学报,21(2): 236-242.

张钰,徐德辉.2001.关于干旱与旱灾概念的探讨.发展,S1: 152-154.

张岳军,郝智文,王雁,等.2014.基于SPEI和SPI指数的太原多尺度干旱特征与气候指数的关系.生态环境学报,23(09): 1418-1424.

赵福年,王润元.2014.基于模式识别的半干旱区雨养春小麦干旱发生状况判别.农业工程学报,24: 124-132.

赵丽,冯宝平,张书花.2012.国内外干旱及干旱指标研究进展.江苏农业科学,08: 345-348.

赵人俊.1984.流域水文模拟.北京:水利电力出版社.

赵人俊,庄一鸰.1963.降雨径流关系的区域规律.华东水利学院学报,1: 53-68.

中国地质调查局.2006.第34届国际水文地质大会成果展览.http://www.iheg.org.cn/production/default.asp[2006-12-10].

中国气象局公共气象服务中心.2005.中国天气气象百科.http://baike.weather.com.cn/index.php?doc-view-2485.php[2005-05-03].

中国水利水电科学研究院.2011.我国节水型社会建设理论技术与实践应用研究.北京:中国水利水电科学研究院.

中华人民共和国国家统计局.2014.2013年中国统计年鉴.北京:中国统计出版社.

中华人民共和国国家质量监督检验检疫总局,中国国家标准化管理委员会.2006.GB/T 20481—2006,中华人民共和国国家标准-气象干旱等级.北京:中国标准出版社.

中华人民共和国国家质量监督检验检疫总局,中国国家标准化管理委员会.2008.GB/T 20481—2008,中华人民共和国国家标准-农业干旱等级.北京:中国标准出版社.

中华人民共和国水利部.2011.全国抗旱规划.北京:中华人民共和国水利部.

中央气象局气象台.1972.1950~1971年我国灾害性天气概况及其对农业生产的影响.北京:农业出版社.

钟瑞森.2008.干旱绿洲区分布式三维水盐运移模型研究与应用实践.乌鲁木齐:新疆农业大学博士学位论文.

周小蓉, 附丽, 廖要明. 1999. 冬小麦主要生理过程对土壤水分胁迫的响应. 河南气象, (2): 26-28.

周扬, 李宁, 吉中会, 等. 2013. 基于 SPI 指数的 1981—2010 年内蒙古地区干旱时空分布特征. 自然资源学报, 28(10): 1694-1706.

朱成立, 邵孝侯, 彭世彰, 等. 2003. 冬小麦水分胁迫效应及节水高效灌溉指标体系. 中国农村水利水电, 11: 22-24.

朱淑环, 周光涛. 2012. 耕作措施对土壤入渗产流影响的实验研究. 新疆环境保护, 34(2): 37-41.

朱钟麟, 赵燮京, 王昌桃, 等. 2006. 西南地区干旱规律与节水农业发展问题. 生态环境, 04: 876-880.

左其亭, 李可任. 2013. 最严格水资源管理制度理论体系探讨. 南水北调与水利科技, 11(1): 34-37, 65.

Abbott M B, Bathurst J C, Cunge J A. 1986. Introduction to the European hydrological system—Systeme Hydrologique Europeen, 'SHE': 1. history and philosophy of a physically-based, distributed modelling system. Journal of Hydrology, 87(1-2): 45-59.

Abu-Zeid M, Abdel-Dayem S Y. 1990. The Nile, the Aswan High Dam and the 1979-1988 Drought. Rio de Janeiro: 14th International Congress on Irrigation and Drainage.

Alderfasi A A, Nielsen D C. 2001. Use of crop water stress index for monitoring water status and scheduling irrigation in wheat. Agricultural Water Management, 47(1): 69-75.

American Meteorological Society (AMS). 1997. Meteorological drought-policy statement. Bull American Meteorological Society, 78: 847-849.

Arnold J G, Srinivasan R, Muttiah R S, et al. 1998. Large area hydrologic modeling and assessment (Part I): model development. Journal of the American Water Resources Association, 34(1): 73-89.

Bahlme H N, Mooley D A. 1980. Large-scale drought/flood sand monsoon circulation. Monthly Weather Review, 108: 1197-1211.

Betson R P, Marius J P. 1969. Source areas of storm runoff. Water Resources Research, 5(3): 574-582.

Beven K, Kirkby M J. 1979. A physically based variable contributing area model of basin hydrology. Hydrological Sciences Bulletin, 24: 43-69.

Beven K J, Calver A, Morris E M. 1987. The Institute of Hydrology Distributed Model. Report No. 98. Wallingford, Oxon, United Kingdom: UK Institute of Hydrology.

Blumenstock G J. 1942. Drought in the United States Analyzed by Means of the Theory of Probability. Washington D. C.: USDA.

Boughton W C. 1968. A mathematical catchment model for estimating runoff. Journal of Hydrology, 7(3): 75-100.

Burnash R J C, Ferral R L, McGuire R A. 1973. A Generalized Streamflow Simulation System: Conceptual Modeling for Digital Computers. Washington D. C., Silver Spring, Sacramento: U. S. Department of Commerce, National Weather Service and California Department of Water Resources.

Chow V T, Maidment D R, Mays L W. 1988. Applied Hydrology. New York: McGraw Hill.

Chu S T. 1978. Infiltration during an unsteady rain. Water Resources Research, 14(3): 461-466.

Dai A. 2011. Drought under global warming: a review. Wiley Interdisciplinary Reviews: Climate Change, 2(1): 45-65.

Dracup J A, Lee K S, Paulson E C. 1980. On the statistical characteristics of drought event. Water Resources Research, 16(2): 289-296.

Dunne T, Black R D. 1970a. Partial area contributions to storm runoff in a small New England Watershed. Water Resources Research, 6(5): 1296-1311.

Dunne T, Black R D. 1970b. An experimental investigation of runoff prediction in permeable soils. Water Resources Research, 6(2): 478-490.

Ebel B A, Loague K, Montgomery D R, et al. 2008. Physics-based continuous simulation of long-term near-surface hydrologic response for the Coos Bay experimental catchment. Water Resources Research, 44(7): 1-23.

Ghioca M.2009.Drought monitoring using self-calibrating Palmer's indices in the Southwest of Romania. Romanian Reports in Physics, 1(61): 151-164.

Green W H, Ampt G A. 1911. Studies on soil physics: I. flow of air and water through soils. Journal of Agricultural Research, 4 (1): 1- 24.

Hafer B A, Dezman L E. 1982. Development of A Surface Water Supply Index (SWSI) to Assess the Severity of Drought Conditions in Snowpack Runoff Areas. Proceedings of the (50th) 1982 Annual Western Snow Conference. Fort Collins, CO: Colorado State University.

Han P, Wang P, Zhang S, et al. 2010. Drought forecasting based on the remote sensing data using ARIMA models. Mathematical and Computer Modelling, 51(11/12): 1398-1403.

Hewlett J D, Hibbert A R. 1963. Moisture and energy conditions with in a sloping soil mass during drainage. Journal of Geophysical Research, 68(4): 1081-1087.

Hewlett J D, Hibbert A R.1967.Factors affecting the response of small watersheds to precipitation in humid areas// Sopper W E, Lull H W.Forest Hydrology.New York: Pergamon Press.

Horton R E. 1935. Surface Runoff Phenomena: Part 1. Analysis of the Hydrograph. Horton Hydrological Laboratory Publication 101. Ann Arbor, MI: Edwards Bros. Inc.

Hsiao T C. 1973. Plant responses to water stress. Annual Review of Plant Physiology, 24: 519-570.

Idso S B, Jackson R D, Reginato R J. 1977. Remote sensing of crop yields. Science, 196: 19-25.

Jackson R D, Reginato R J, Idso S B. 1977. Wheat canopy temperature: a practical tool for evaluating water requirements. Water Resource Research, 13: 651-656.

Karl T R, Koscielny A J.1982.Drought in the United States: 1895-1981.Journal of Climatology, 2: 313-329.

Karnauskas K B, Ruizbarradas A, Nigam S, et al.2007.North American droughts in ERA-40 global and NCEP North American regional reanalysis: a Palmer drought severity index perspective.Journal of Climate, 21: 2102-2123.

Keeth J J, Byram G M. 1968. A Drought Index for Forest Fire Control. USDA Forest Service Research Paper SE-38. Asheville, NC: Southeastern Forest Experiment Station.

Kincer J B. 1919. The seasonal distribution of precipitation and its frequency and intensity in the United States. Monthly Weather Review, 47: 624-631.

Kirkby M J. 1978. Hillslope Hydrology. Hoboken: John Wiley & Sons.

Kohler M A, Linsley R K. 1951. Predicting the runoff form storm rainfall. Washington D.C.: U. S. Department of Commerce, Weather Bureau.

Kumar M N, Murthy C S, Sai M V R S, et al. 2009. On the use of Standardized Precipitation Index (SPI) for drought intensity assessment. Meteorological Applications, 16: 381-389.

Le Quesne C, Acuña C, Boninsegna J A, et al. 2009. Long-term glacier variations in the the Central Andes of

Argentina and Chile, inferred from historical records and tree-ring reconstructed precipitation. Palaeogeography, Palaeoclimatology, Palaeoecology, 281: 334-344.

Lei X, Liao W, Wang Y, et al. 2014. Development and application of a distributed hydrological model: EasyDHM. Journal of Hydrologic Engineering, 19(1): 44-59.

Li H, Sivapalan M, Tian F. 2012. Comparative diagnostic analysis of runoff generation processes in Oklahoma DMIP2 basins: the Blue River and the Illinois River. Journal of Hydrology, 418-419: 90-109.

Linsley R K, Franzini J B. 1978. Water-resources Engineering. 3rd ed. New York: McGraw-Hill.

Liu J, Qin D, Wang H, et al. 2010. Dualistic water cycle pattern and its evolution in Haihe River basin. China Science Bulletin, 55(16): 1688-1697.

Livada I, Assimakopoulos V D. 2007. Spatial and temporal analysis of drought in Greece using the Standardized Precipitation Index (SPI). Theoretical and Applied Climatology, 89: 143-153.

Luan Q H, Chen L X, Cheng Y. 2010. Analysis and Comparing of the Distribution of Precipitation Complexity in Two Typical Regions in Changing Environment, China. Proceedings of 2010 International Workshop on Chaos-Fractal Theories and Application. Louisville: American Printing House for the Blind.

López-Moreno J I, Vicente-Serrano S M, Beguería S, et al. 2009. Dam effects on droughts magnitude and duration in a transboundary basin: the Lower River Tagus, Spain and Portugal. Water Resources Research, 45(2): W2405.

Marcovitch S. 1930. The measure of droughtiness. Monthly Weather Review, 58: 113.

McGuire J K, Palmer W C. 1957. The 1957 drought in the eastern United States. Monthly Weather Review, 85: 305-314.

McKee T B, Doesken N J, Kleist J. 1993. The Relationship of Drought Frequency and Duration to Time Scales. Preprints. Eighth Conference on Applied Climatology. Anaheim, CA: American Meteorological Society.

McQuigg J. 1954. A simple index of drought conditions. Weatherwise, 7: 64-67.

Mein R G, Lason C L.1973.Modeling infiltration during a steady rain.Water Resources Research, 9(2): 384- 394.

Munger T T. 1916. Graphic method of representing and comparing drought intensities. Monthly Weather Review, 44: 642-643.

Nash J E. 1957. The form of the instantaneous unit hydrograph. International Association of Hydrological Sciences, 45: 114-121.

Nigel A. 1989. Human influences on hydrological behavior: an international literature survey. Paris: United Nations Educational Scientific and Cultural Organization.

Palmer W C. 1965. Meteorological Drought. Research Paper No. 45. Washington D. C.: U. S. Weather Bureau.

Palmer W C. 1968. Keeping track of crop moisture conditions, nationwide: the new crop moisture index. Weatherwise, 21: 156-161.

Peters A J, Walter-Shea E A, Ji L, et al. 2002. Drought monitoring with NDVI-based Standardized Vegetation Index. Photogrammetric Engineering and Remote Sensing, 68(1): 71-75.

Philip J R. 1957. The theory of infiltration: 1. the infiltration equation and its solution. Soil Science, 83: 345-357.

Philip J R. 1991. Infiltration and down slope unsaturated flows in concave and convex to topography. Water Resources Research, 27(6): 1041-1048.

Rhee J, Carbone G J.2007.A Comparison of weekly monitoring methods of the Palmer drought index.Journal of Climate, 20: 6033-6044.

Richard H M. 1982. A Guide to Hydrologic Analysis Using SCS Methods. Englewood Cliffs: Prenice-Hall Inc.

Rodriguez-Iturbe I, Valdes J B. 1979. The geomorphological structure of hydrological response. Water Resources Research, 15(5): 1409-1420.

Ross M A, Aly A, Tara P D, et al.2003.IHM Theory and Design Manual.Florida: Tampa Bay Water.

Sandholt I, Rasmussen K, Andersen J. 2002. A simple interpretation of the surface temperature/vegetation index space for assessment of surface moisture status. Remote Sensing of Environment, 79(2/3): 213-224.

Schneider S H, Root T L, Mastrandrea M.2011.Encyclopedia of Climate and Weather.New York: Oxford University Press.

Sherman L K. 1932. Streamflow from rainfall by unit-graph method. Engineering News Record, 108: 501-505.

Stephenson S, Meadows M E. 1986. Kinematic hydrology and modeling. Development in Water Science, 26: 148-156.

Szinell C S, Bussay A T, Szentimrey T.1998.Drought tendencies in Hungary.International Journal of Climatology, 18: 1479-1491.

Tian F, Li H, Sivapalan M. 2012. Model diagnostic analysis of seasonal switching of runoff generation mechanisms in the Blue River Basin, Oklahoma. Journal of Hydrology, 418-419: 136-149.

Todini E. 2007. Hydrological catchment modelling: past, present and future. Hydrology and Earth System Sciences, 11(1): 468-482.

Wang S, Zhang Z, McVicar T R, et al. 2012. An event-based approach to understanding the hydrological impacts of different land uses in semi-arid catchments. Journal of Hydrology, 416-417: 50-59.

Whipple W J.1966.Regional drought frequency analysis.Journal of Irrigation Drainage, 9(2): 11-31.

Wilhite D. 2005. A Drought and Water Crises: Science, Technology, and Management Issues. Abingdon: Taylor and Francis.

Wilhite D A, Glantz M H. 1985. Understanding the drought phenomenon: the role of definitions. Water International, 10: 111-120.

WMO. 1975. Inter-comparison of Conceptual Models Used in Operational Hydrological Forecasting. Operational Hydrology Report 7, No. 429. Geneva: WMO.

Woli P. 2010. Quantifying Water Deficit and Its Effects on Crop Yields Using A Simple, Generic Drought Index. Gainesville, FL: University of Florida.

World Meteorological Organization.1992.International Meteorological Vocabulary.WMO No.182.Geneva: WMO.

Wouter B, Rolando C, Bert D B, et al. 2006. Human impact on the hydrology of the Andean páramos. Earth Science Reviews, 79: 53-72.

Wu H, Svoboda M D, Hayes M J, et al. 2007. Appropriate application of the Standardized Precipitation Index in arid locations and dry seasons. International Journal of Climatology, 27: 65-79.

Xia J. 2002. A system approach to real time hydrological forecasts in watersheds. Water International, 27(1): 87-97.

Yang D, Herath S, Musiake K. 1998. Development of a geomorphology-based hydrological model for large catchments. Annual Journal of Hydraulic Engineering, JSCE, 42: 169-174.

Yang D, Herath S, Musiake K. 2002. Hillslope-based hydrological model using catchment area and width functions. Hydrological Sciences Journal, 47(1): 49-65.

Yuan G F, Luo Y, Sun X M, et al. 2004. Evaluation of a crop water stress index for detecting water stress in winter wheat in the North China Plain. Agricultural Water Management, 64(1): 29-40.

Yuan F, Ren L L, Luan Q H, et al. 2009. Simulating the evolution of potential natural vegetation due to long-term climate change and its effect on the water balance of the Hanjiang River Basin, China//IAHS. Ecohydrology of Surface and Groundwater Dependent Systems: Concepts, Methods and Recent Developments. Hyderabad: Joint IAHS & IAH Convention.

Zaslavsky D, Sinai G.1977.Surface hydrology: Ⅲ. causes of lateral flow.Journal of the Hydraulics Division, 107(HY1): 1-93.

Zhu Z H, Hu R H, Chang X P. 1996. Response of root systems of winter wheat seedling with different drought resistance to water stress. Plant Physiology Communications, 32(6): 410-413.